西南林业大学生态学优势特色重点学科建设项目资助

纳帕海湿地碳氮特征研究

郭雪莲　郑荣波　著

U0309947

中国林业出版社

图书在版编目(CIP)数据

纳帕海湿地碳氮特征研究 / 郭雪莲,郑荣波著. —北京：中国林业出版社,2019.12
ISBN 978-7-5219-0432-1

Ⅰ.①纳… Ⅱ.①郭… ②郑… Ⅲ.①沼泽化地–自然保护区–碳氮比–研究–迪庆藏族自治州 Ⅳ.①S759.992.742-64

中国版本图书馆 CIP 数据核字(2020)第 001718 号

中国林业出版社教育分社

策划、责任编辑：范立鹏

电　　话：(010)83143626　　　　　传　　真：(010)83143516

出版发行　中国林业出版社(100009　北京市西城区德内大街刘海胡同 7 号)
　　　　　　E-mail:jiaocaipublic@163.com　电话:(010)83143500
　　　　　　http://lycb.forestry.gov.cn/lycb.html
经　　销　新华书店
印　　刷　北京中科印刷有限公司
版　　次　2019 年 12 月第 1 版
印　　次　2019 年 12 月第 1 次印刷
开　　本　787mm×960mm　1/16
印　　张　12.5
字　　数　298 千字
定　　价　68.00 元

前言

纳帕海湿地(99°37′10.6″E~99°40′20.0″E，27°48′55.6″N~27°54′28.0″N)位于滇西北横断山脉中段，行政上隶属云南省迪庆藏族自治州香格里拉市，平均海拔3260m。纳帕海湿地所在流域地势东西高，中间坝区低，是一个半封闭型流域，流域汇水在坝区北部经由若干喀斯特落水洞下泄汇入金沙江。发源于四周山地的纳赤河、奶子河、达拉河等河流及山泉汇入坝区，形成季节性纳帕海湖泊—沼泽—沼泽化草甸湿地。纳帕海湿地于1986年列为省级自然保护区，以保护黑颈鹤、黑鹳为代表的珍稀濒危越冬候鸟和迁徙过境停歇候鸟及其栖息地安全为主要管理目标。2004年，纳帕海湿地被列入"国际重要湿地"名录。

纳帕海湿地是低纬度高海拔的季节性高原湖泊湿地类型，是云贵高原四大国际重要湿地之一。由于该湿地地处青藏高原东南缘横断山腹地的纵向岭谷区，位于长江上游，调节着地表径流和河流水量，对长江下游水位和水量平衡有着重要作用。纳帕海湿地影响和调节着局地气候，为丰富的动植物群落提供了复杂而完备的特有生境，孕育了丰富的生物多样性；沼泽和湖泊湿地兼有的水体和陆地双重特征，为许多珍稀濒危物种提供了栖息繁衍地。同时，纳帕海湿地又处于农牧交错带和旅游热点地带，是当地社会稳定和经济发展的重要基础，在维系流域生态安全中发挥着不可替代的功能作用，在生物多样性保护中具有重要地位。

近年来，在气候变化和人类活动双重因素的叠加作用下，纳帕海湿地的资源性缺水问题十分突出，湿地面积萎缩，干旱程度加剧，湿地空间上从湖心向湖岸呈现出由沼泽、沼泽化草甸向草甸、垦后湿地退化的演替格局，湿地环境发生改变，湿地功能逐渐丧失。湿地退化表现为通过改变湿地生态系统中碳氮的存在形式，进而影响碳氮在整个湿地生态系统中的迁移转化过程，改变湿地作为碳氮源、汇或调节器的功能，最终对全球环境产生重要影响。纳帕海湿地退化和生境改变所带来的一系列问题不仅对生态环境产生极大影响，也对当地经济的持续发展和边疆民族地区的社会稳定带来负面影响。

针对纳帕海湿地的特殊性与保护的紧迫性，瞄准高原湿地退化与碳氮迁移转化规律之间耦合关系等前沿性科学问题。2010—2013年，国家高原湿地研究中心研究团队以纳帕海湿地为研究对象，采用"空间代替时间"的方法，开展了纳帕海不同退化阶段湿地碳氮迁移转化特征研究，阐明碳氮在纳帕海典型退化湿地中的迁移转化规律，揭示高原湿地退化过程与碳氮迁移转化规律之间的耦合关系，为高原湿地保护与恢复提供理论基础和科学依据，对丰富高原湿地研究理论和科学合理利用高原湿地资源具有重要意义。

全书共8章，第1章湿地碳氮循环及研究进展，阐述了湿地碳氮循环研究的意义及研究进展；第2章纳帕海湿地环境特征，阐述了纳帕海湿地自然和社会经济环境特征；第3章纳帕海湿地碳氮特征研究方案，阐述了纳帕海湿地碳氮特征研究的实施方案和技术方法；第4章至第8章分别阐述了纳帕海湿地土壤碳氮的时空分布和迁移转化特征、湿地植物碳氮积累特征、湿地植物残体分解与碳氮释放特征、湿地植物—土壤系统碳氮循环特征，分析了纳帕海湿地退化过程与碳氮的迁移转化规律之间的耦合关系。本书第1、3、6、7、8章由郭雪莲撰写，第2章由郭雪莲、仇玉萍、刘强、陈国柱、岳亮亮撰写，第4、5章由郑荣波撰写，最后由郭雪莲统稿。

本书的研究工作得到了国家自然科学基金（41001332和41563008）和国家林业和草原局"国际重要湿地监测"项目的资助，本书的出版还得到"西南林业大学生态学优势特色重点学科建设项目"的资助，中国林业出版社为本书的编辑出版付出了艰辛劳动，在此一并表示真挚的感谢！

鉴于作者写作水平所限，该书难免存在一些疏漏之处，敬请读者批评、指正。

编　者

2019 年 12 月

目录

前　言

第1章

湿地碳氮循环及研究进展

1.1 湿地碳氮循环研究意义

根据国际《湿地公约》的定义，湿地是指天然的或人工的、永久的或临时的沼泽地、泥炭地或水域地带，带有静止或流动的淡水、半咸水或咸水水体，包括低潮时水深不超 6m 的水域。它是水陆相互作用形成的独特生态系统，是重要的生存环境和自然界最富生物多样性的生态景观之一。它在维护区域生态平衡、物种基因保护及资源利用等方面具有其他系统所不能替代的作用，被誉为"地球之肾""生命的摇篮"和"物种的基因库"（Mitsch et al.，2007；吕宪国等，1998）。国际自然保护联盟（IUCN）把湿地生态系统与森林生态系统和农田生态系统一起并列为全球陆地三大生态系统。由于资源、环境与可持续发展成为 21 世纪科学研究的重点，湿地生态系统研究也成为热点之一（杨永兴，2002）。湿地生态系统的很多生态功能通过物质循环过程得以实现，因此，湿地生态系统物质循环研究受到学术界的密切关注，尤其是湿地生态系统养分循环研究已成为国际湿地学界的前沿领域和热点问题（何池全等，2000）。

土壤是最大的陆地碳库，根据估计，全球总碳库储量约为 2500Pg，其中 1550Pg 为有机碳库，约为大气中碳储量（约 760Pg）的 3 倍，是生物碳库（约 560Pg）的 2.7 倍（Lal，2004）。全球土壤碳库的微小变化都会对大气碳库产生重大的影响，其强度大小在不同时间尺度上更能决定大气中 CO_2 的浓度。全球每年从土壤向大气释放的总碳量约为 60~100Pg/a，大约是化石燃料燃烧向大气释放的碳量的 10 倍以上（Watson et al.，2000）。CO_2 是土壤呼吸的主要产物，同时也是地球重要的温室气体之一，对全球温室效应的贡献率约占 56%。陆地生态系统碳循环及其过程与温室效应问题是近年国际地学界、生态学界和环境学界共同关注的全球变化研究的科学热点，一直是全球碳计划（Global Carbon Project）、PAGES、IHDP 以及 GCTE 等一系列国际全球变化研究核心计划的焦点科学内容（潘根兴等，2000）。

湿地仅占地球陆地表面的 5%~8%（Mitsch et al.，2007），但却储存着陆地碳库的 20%~30% 的土壤碳（Bridgham et al.，2006）。湿地生态系统较低的有机质分解速率使得湿地被认为是一个"碳汇"(Min，2011)。近年来人口膨胀、城市化进程加快，挖沟排水、开垦湿地、围湖造田，使得天然湿地面积日益减少，湿地旱化和退化现象比较严重，湿地中储存的碳以 CO_2 或 CH_4 的形式释放到大气中，增强了温室效应，对全球气候变暖造成重要影响。综上，在人类活动日益加剧，对资源需求不断增加的背景下，加强湿地生态系统碳流转与固存，提高湿地生态系统碳的存贮，减少对气候变化的威胁，成为国际性的一个重要课题，在全球相关科学界得到广泛关注(Han et al.，2010)。

氮是生物生命活动必不可少的大量元素之一，其贮量和分配是影响湿地生态系统生产力的重要因素。作为大多数湿地的主要限制性养分之一，其供应水平影响湿地生态系统的结构和功能(Vitousek，2002)。湿地植物通过从土壤中吸收大量的氮营养以维持自身生长的需要，最终又会有相当数量的初级生产以枯落物的形式归还地表。枯落物的生产是氮归还的重要途径，其分解释放是生态系统"自我施肥"的重要过程。适当的增加氮输入能刺激植物生长，然而，过多的氮输入使湿地氮饱和，加速氮淋失(Steven，2006)。氮素作为江河、湖泊等永久性淹水湿地发生富营养化的主要因素之一，是一种湿地营养水平指示物，其多寡也进一步影响湿地的结构和功能。有机氮是土壤氮库的主体，植物可吸收利用的氮主要来源于土壤有机氮的矿化，矿化速率的高低直接影响土壤的供氮能力。湿地常年积水或季节性干湿交替的环境条件为土壤氮硝化—反硝化作用提供了良好的反应条件，而硝化—反硝化作用又是导致氮气体(N_2，N_2O 等)损失的重要途径。N_2O 是一种温室气体，其对全球变暖的贡献是二氧化碳的 $170 \sim 290$ 倍(Wang，1976)。湿地中释放的 N_2O 对全球变暖和酸雨的产生起到巨大作用。可见，氮素也是与全球变化密切相关的一个重要元素。综述所述，湿地生态系统氮素的循环过程不仅可以影响系统自身的调节机制，而且其在地球表层系统中所表现出的特殊动力学过程也与一系列全球环境问题息息相关。而这一系列全球环境问题的产生又会对湿地生态系统的演化、湿地物种的分布以及湿地生物多样性等产生深远的影响。在全球变化的背景下，系统深入地探讨湿地氮素循环过程的动因、机理及其生态环境效应已经成为当前环境科学、生态学和土壤学等众多学科研究的热点(Sun et al.，2007)。

湿地水文过程控制着湿地的形成与演化，是形成和维持特殊湿地类型与湿地过程的最重要的决定性因子(陈宜瑜等，2003)。湿地水文条件的变化影响湿地植被的空间格局、植物的生长状况以及植被的生存环境(Keddy，2000)，控制和维护着湿地生态系统的结构和功能。湿地植物占据特定的位置，从周围环境中吸收养分而形成新的植物组织，然后又通过残体的分解将养分归还到环境中去。不同的水位状态下生存的植被类型不同，植被的形态和适应特性亦不同。湿地水文情势通过调节湿地中的物种组成、丰富度、初级生产以及其他特征，改变湿地植物群落特征，进而控制湿地的碳氮循环过程。例如，不同的水位条件下，湿地处于不同的演替阶段，植物群落的组成不同，初级生产以及枯落物的质量亦不同，最终影响生态系统中碳氮的有效性。综上可以看出，湿地水文过程通过改变植物群落特征影响氮循环过程。然而，湿地中氮循环特征随着水位梯度变化发生怎样的改变，湿地水文格局变化如何控制碳氮循环过程还不清楚，有待于进一步研究。

地表过湿或经常积水是湿地形成的首要条件。湿地植被形成后其地表水文状况、泥炭厚度及其理化特性的变化，都成为影响湿地植被演替的主要生态因素。湿地是一种非常不稳定的生态系统，极易受到自然因子和人为活动的干扰，生态平衡很容易被破坏。气候变化、洪水周期变化和人类活动如农业开垦和城市开发、排水、堤坝建设等等改变了湿地的水位、水量、流速和湿地土壤的水分状况，都可导致湿地生态系统的演替。湿地退化造成其原有氧化—还原环境的改变，这种变化会影响湿地生态系统中碳氮的存在形态，进而影响碳氮在整个湿地生态系统中的迁移转化，改变湿地作为碳氮源、汇或调节器的功能，促进、延缓或遏制环境的恶化趋势，最终对全球环境产生重要影响。

1.2 湿地碳氮循环研究进展

1.2.1 湿地碳循环研究进展

1.2.1.1 湿地土壤碳分布和储量研究

早期土壤碳研究都基于土壤有机碳储量和分布的研究，如：赵锦梅（2006）依据植物群落组成和结构特征的差异，将甘肃省金强河地区高寒草地划分为重度退化、中度退化和轻度退化类型，分土层、月份分析了土壤有机碳储量的差异及其随退化程度的变化趋势，讨论了影响其变化的主导因子。结果表明：3种类型土壤有机碳储量之间存在显著差异（$P<0.05$），且随土层增加含量依次递减；在月份变化上，中度退化和重度退化草地从5月开始有机碳储量逐渐增加，$0\sim30cm$ 土层土壤有机碳总储量分别在9月和11月达到峰值，为 $3.960kg/m^2$ 和 $3.190kg/m^2$；轻度退化草地则表现出 $5\sim7$ 月土壤有机碳储量下降，伴随着 $7\sim9$ 月植物生物量积累而逐渐增长，最大值出现在5月，为 $3.170kg/m^2$，而3种类型草地各土层土壤有机碳储量的平均值间存在显著差异（$P<0.05$），轻度、中度和重度退化草地碳储量均值分别为 $0.886kg/m^2$、$1.101kg/m^2$ 和 $0.849kg/m^2$。祁彪（2005）对不同退化程度和利用强度下的青海高寒干旱草地土壤碳储量的研究表明：土壤有机碳储量随着草地退化程度增加而逐渐减少，封育和人工草地的碳储量各月份均小于天然草地；$0\sim40cm$ 土壤总碳储量为 $6.60\sim12.69kg/m^2$，其大小顺序为：轻度退化草地>无退化草地>中度退化草地>重度退化草地>封育草地>人工草地>严重退化草地，土壤碳储量表现为从表层到下层逐渐减少，且各土层间存在显著差异；从 5 月到 10 月的生长季节内，各类型土壤碳储量均表现为 5~6 月下降，6~10 月逐渐增加，10 月份达到碳储量峰值。刘景双等（2003）以湿地开垦后的农田为对照，选取三江平原腹地的 3 块天然沼泽湿地为研究对象，研究了土壤有机碳含量的垂直分布特征及土壤酸碱性和土壤氮素对有机碳分布的影响。结果表明，沼泽湿地土壤有机碳的空间分布随土壤深度增加而逐渐减少、同时受到耕作和地上植被的影响；开垦使 0~45cm 土层土壤有机碳损失率高达 90% 以上；不同层次土壤有机碳含量与 pH 值有显著负相关性（$R = -0.651$，$P < 0.01$），与全氮含量存在显著线性正相关关系。高俊琴等（2010）研究了若尔盖高原泥炭沼泽、腐殖质沼泽和沼泽化草甸土壤有机碳含量分布、有机碳密度及其与水分含量的关系。结果表明：泥炭土的有机碳含量最高，多达 230~270g/kg，分别高出腐殖泥炭土 130~330% 和腐殖土 675~1530%；泥炭土、腐殖泥炭土和腐殖土有机碳密度分别达到 52~66kg/m³、40~75kg/m³ 和 14~30kg/m³；腐殖泥炭土和腐殖土有机碳含量与水分含量呈现出极显著正相关关系（$P < 0.01$），说明排水疏干等干扰造成的水分损失会直接影响若尔盖高原湿地土壤有机碳的积累。田应兵等（2003）采用田间腐解法系统研究了若尔盖高原湿地分布最广泛的木里薹草群落、乌拉薹草群落和藏蒿草群落及其对应的泥炭土、泥炭沼泽土和草甸沼泽土植物—土壤系统中有机碳的分布与流动，结果表明：若尔盖高原湿地土壤有机碳含量较高，且含量分布呈现出随土层加深而下降的趋势；植物残体有机碳在土壤中分解 1a 后残留 30g/m²，2a 后残留 25.5g/m²，而植物残根有机碳分解 1a 和 2a 后剩余 179~223g/m² 和 161~208g/m²，表明了若尔盖高原湿地土壤有机碳的主要来源是植物残根。莫剑锋等（2004）对滇西北高原湿地纳帕海不同强度人为活动干扰下土壤有机质空间分布状况的研究表明：纳帕海湿地土壤有机质含量的水平分布为原生沼泽最高，其次是沼泽化草甸和垦后湿地，而草甸含量最低，变异系数为 0.447；垂直分布差异巨大，表层有机质含量均大于亚表层，沼泽化草甸、草甸和耕地的变异系数分别为 0.633、0.549 和 0.499。

关于土壤有机碳的积累与释放方面的研究较多，主要对土壤退化、人为干扰、管理措施或人工恢复影响下的土壤有机碳的积累与释放进行了研究。董凯凯等（2011）以黄河三角洲芦苇湿地为研究对象，比较了湿地退化区和连续淡水恢复区土壤的有机碳、全氮含量，结果表明：随着恢复年限的增加，0~20cm 土层土壤有机碳、全氮含量增加，且恢复区有机碳和全氮在空间上的变化表现为上层大于下层。田应兵等（2004）对若尔盖高原湿地生态恢复过程中土壤有机质的含量、分布及质量变化进行了研究。结果表明：土壤类型在生态恢复下发生了从风沙土—草甸土—沼泽土—泥炭土的生态演替；随着生态演替，土壤有机质含量显著增加，土壤有机碳的抗氧化性增强，土壤腐殖质的品质改善；表现出土壤有机质的数量、分布及质量变化对湿地生态条件和环境变化具有高度敏感性，表明湿地生态恢复有利于改善湿地土壤肥力；迟光宇等（2006）对三江平原不同开垦年限的水田、沼泽化草甸和天然林地土壤有机碳含量、pH 值及全氮含量进行了测定，研究不同土地利用类型土壤中有机碳含量的垂直分布特征及其与pH 值、氮素的相关关系。结果表明：土壤有机碳的垂直分布与土壤深度和土地利用类型密切相关；开垦 10a 和 25a 的水田表层土壤有机碳含量比沼泽化草甸分别下降49.3%和 14.3%，旱地表层土壤有机碳含量在开垦 5a 后比沼泽化草甸减少 81.9%，开垦 18a后，下降了 68.3%；林地及开垦 18a 的旱地土壤有机碳含量与土壤 pH 值均存在显著负相关关系，相关系数分别为 -0.578（$P<0.05$）和 -0.965（$P<0.01$）；开垦的耕地土壤有机碳含量与全氮含量呈显著正相关，相关系数大于 0.580（$P<0.05$）以上。张文菊等（2004）对三江平原泥炭沼泽、腐殖质沼泽和沼泽化草甸土壤剖面有机碳的组分与分布特征进行了研究。结果表明：储碳层和淀积层是三江平原 3 类典型湿地土壤剖面有机碳的主要分布层；泥炭沼泽、腐殖质沼泽和沼泽化草甸土壤的储碳层厚度分别为110cm、60cm 和 15cm，总有机碳平均含量分别为 295g/kg、280g/kg 和 60g/kg；泥炭沼泽和腐殖质沼泽土壤储碳层有机碳主要组分为活性较大的轻组碳，高达 70%以上，沼泽化草甸土壤储碳层内轻组碳约占 16%，而淀积层的有机碳含量均少于 30g/kg，轻组碳含量比例较小；且轻组碳与总有机碳之间存在极显著的正相关关系（$P<0.01$）。陆梅等（2004）对滇西北纳帕海不同退化阶段湿地土壤养分与酶活性的系统研究表明：人为活动干扰下不同退化湿地类型间土壤养分及酶活性存在明显差异；土壤有机质、全氮含量从原生沼泽向沼泽草地、草地、耕地逐渐减少。黄易（2009）对滇西北高原湿地纳帕海人为干扰下的草甸和保护较好的原生沼泽土壤的碳氮进行对比研究，探讨人为干扰对土壤碳氮积累的影响。结果表明：沼泽向草甸演替过程中使得土壤容重值增加，土壤含水量下降；土壤有机碳和氮含量存在空间异质性，且土壤全氮和有机碳具有相同的变化规律；在水平分布上，两个类型 0~20cm 土层土壤有机碳相差 7 倍，20~40cm土层土壤有机碳相差 15 倍；0~20cm 土层土壤全氮含量相差 5 倍，下层土壤全氮相差 8倍；纳帕海湿地退化演替过程中土壤有机碳损失量高达 $44.4 \times 10^8 t$，损失率为 89.4%，氮的损失量为 $2.43 \times 10^8 t$，损失率为 79.67%，表明纳帕海湿地的退化演替将对全球气候变化具有重要影响。王文颖等（2006）以青藏高原原生高寒嵩草草甸封育系统作为对照，研究了土地退化对土壤碳氮含量的影响，探索不同人工重建措施（3 个人工种植处理：混播、松耙单播、翻耕单播和 1 个自然恢复处理）对土壤碳含量的相对影响程度。结果表明：原生植被封育下土壤有机碳、氮含量分别为 7.47kg/m² 和 0.647kg/m²，而重度退化草甸土壤有机碳碳和有机氮含量分别为 3.67kg/m² 和 0.448kg/m²，表明原生高寒嵩草草甸退化的碳、氮损失量为 3.80kg/m² 和 0.199kg/m²，损失率高达 50.87%和30.75%；而混播、松耙单播、翻耕单播和自然恢复后土壤有机碳含量分别达到原生高

寒嵩草草甸土壤有机碳含量的 70.5%、69.0%、49.0%和 80.0%，全氮含量分别达到原生高寒嵩草草甸土壤含量的 86.9%、88.7%、71.1%和 91.7%；与重度退化草甸土壤碳氮含量相比，混播、松耙单播和自然恢复均能增加退化草甸土壤有机碳碳、氮的含量，可将混播、松耙单播和自然恢复作为恢复重度退化草甸固碳能力的有效措施。在未来的发展中，人们应该更加注重合理利用和采取适宜的方法对破坏和退化的土壤生态系统进行恢复和重建，使其土壤质量在生态阈值内变化，为人类社会创造更多资源。

1.2.1.2 湿地土壤有机碳组分的研究

土壤有机碳是土壤质量的核心，认识不同环境条件下土壤有机碳动态及其影响因子，是实现土地资源可持续利用的重要基础（杨青等，1999；宋长春等，2004）。但是，利用总有机碳来评价环境变化对土壤碳库动态的影响，特别是在土壤总有机碳背景值较高的情况下，是非常困难的（Graham，1992）。湿地作为一种特殊的自然综合体，以其特殊的性质（地表积水或土壤饱和、淹水土壤、厌氧条件和适应湿生环境的动植物（吕宪国，2002）而有别于其他生态系统，湿地往往具有较高的有机碳含量。目前，虽然可查到很多文献资料，但是对湿地土壤碳库积累与释放的动态过程与影响机理的认识仍有许多不清楚的地方，究其原因主要是因为土壤碳库是由活性不同的库组成，有活性库、慢变库和惰性库等（Parton et al.，1987）。因此，揭示湿地变化过程中土壤碳库动态的关键之一，就是要对土壤有机碳中的不同组分进行研究。

许多研究表明，湿地生境变化最初影响的主要是易分解、矿化的活性炭部分；土壤活性有机碳库是指在一定的时空条件下，受植物、微生物影响强烈，具有一定溶解性，在土壤中移动比较快、不稳定、易氧化、易分解，其形态、空间位置对植物、微生物来说活性比较高的那一部分土壤碳素（曹志洪，1998）。研究认为活性有机碳库对目前温室气体排放有更大的贡献，对气候变化的响应更为敏感（Parton et al.，1987）。

土壤有机碳的分组研究对于土壤学来说也是非常重要的，通常把土壤有机碳分为活性有机碳组分、慢性有机碳组分和惰性有机碳组分 3 部分，其中活性有机碳组分又可分为轻组活性有机碳、水溶性有机碳和微生物量碳等。虽然它们各自在有机碳总量中所占的比例不大，但是它们对于外界环境的变化非常敏感，在提供和评价土壤环境质量方面具有非常突出的贡献。然而，在目前的有机碳组分研究中，采用的指标各不相同，结论也不相一致。侯翠翠等（2011）通过野外试验结合室内分析研究了三江平原不同水分条件下小叶章湿地表层 0~20cm 土壤有机碳、轻组有机碳与微生物生物量碳的季节变动特征。结果表明：在不同水分条件下小叶章各类湿地表层土壤有机碳及其活性有机碳组分含量具有显著季节性差异；季节性淹水对活性有机碳组分硬性更为强烈；冻融过程对小叶章沼泽化草甸土壤有机碳和活性有机碳组分含量具有降低作用，使得土壤总有机碳、轻组有机碳、微生物量碳含量分别减少了 74.53%、80.93%、

83.09%；生长季内小叶章沼泽化草甸土壤轻组有机碳比例（13.58%）比小叶章湿草甸（11.96%）稍高，而沼泽化草甸微生物量碳含量平均值低于湿草甸，分别为1397.21mg/kg、1603.65mg/kg，表明淹水条件在一定程度上抑制了土壤微生物的活性，使得轻组有机碳比例增加；在长期淹水条件下，生长季中期小叶章沼泽化草甸微生物量碳含量由337.56mg/kg增加到1829.21mg/kg，微生物熵增加了1.51倍，表明湿地土壤微生物对环境具有一定适应机制，且随着对环境的适应，微生物对有机质的利用强度增加；同时还表明，小叶章沼泽化草甸和湿草甸表层土壤的轻组有机碳含量与有机碳含量呈显著正相关（$R=0.816$ 和 $R=0.95$），说明土壤有机碳的蓄积量制约着轻组有机碳含量，且淹水条件下可利用性有机碳源对微生物活性的制约性较大。张金波等（2005）应用物理分组法，研究了三江平原沼泽湿地开垦对土壤有机碳组分的影响，结果表明：湿地开垦耕作过程导致土壤有机碳含量迅速降低，有机碳组分发生很大变化，且组分变化最明显的是游离态轻组有机碳，从27.9%减少到开垦15a的6%~7%，而重组有机碳所占比例增加，造成土壤有机碳的可利用性下降。石玲等（2010）研究了安徽省4种主要类型土壤（砂姜黑土、潮土、水稻土和红壤）有机碳、可溶性有机碳和微生物量碳含量的剖面分布及其相互关系。结果表明：4种土壤有机碳、可溶性有机碳和微生物有基碳含量差异明显，但其剖面分布规律基本一致，表层含量较高，随着土壤层次加深而依次递减；表层土壤有机碳含量大小顺序为：水稻土>砂姜黑土>潮土>红壤；可溶性有机碳含量大小顺序为：砂姜黑土>潮土>水稻土>红壤；微生物量碳含量顺序为：潮土>砂姜黑土>红壤>水稻土；可溶性有机碳和微生物量碳分别只占有机碳的4.92%~18.97%和1.86%~5.68%；同时土壤有机碳、可溶性有机碳与微生物量碳之间存在密切的关系。于君宝等（2004）以辰光和郭家不同开垦年限耕层黑土土壤为研究对象，探讨了有机无机复合体的含量变化及有机碳组分变化在有机无机复合体中的分布规律，结果表明：开垦有利于土壤黏粒级复合体的形成，开垦年限越长其增加的量越多，而粉粒和细砂级复合体的含量随着开垦年限的延长而相应减少。随着复合体粒径的增大，各级土壤复合体中的有机碳及其组分含量均呈下降趋势。黏粒级复合体含量与黏粒级复合体中有机碳及组分含量之间具有显著的负相关性，而粉砂和细砂级复合体含量与有机碳及组分含量之间具有显著的正相关性。马秀枝等（2005）对内蒙古锡林河流域放牧条件下的3种草原土壤微生物量碳和易分解碳的研究结果表明：放牧22a后，羊草草原0~20cm土层微生物量碳和易分解碳含量都显著下降了，且放牧对两个指标的季节变化没有显著影响。而大针茅草原0~15cm土壤微生物量碳同样下降了，而且季节变化的峰值出现时间推后，同地上生物量变化密切相关。冷蒿—小禾草草原在放牧11a后的短暂恢复过程中，土壤活性碳组分不能够马上得到恢复，但是微生物量碳有机碳和易分解碳有机碳的比值对放牧强度具有强烈的敏感性。郝瑞军等（2010）通过对江苏省常熟市全市范围代表性水稻土采样并布置室内短期(20d)培育实验，研究土壤有机碳矿化过程动态，并分析其与微生物生物量碳和水溶性有机碳含量的关系。结果表明：研究区域水稻土有机碳含量在 4.88~27.31g/kg 之间变动；微生物量碳和水溶性有机碳含量分别在 294.0~1287.4mg/kg 和 7.01~28.79mg/kg 之间变动，且不同土属间存在显著差异($P<0.05$)；土壤呼吸强度范围在 34.76~191.68mgCO$_2$/(kg·d)之间，不同土属的土壤呼吸强度高低顺序为：乌栅土>乌黄泥土>灰黄泥土>白土>黄泥土>乌沙土；培养期间有机碳日均矿化量为 10.76~65.20mg CO$_2$/(kg·d)，有机碳累计矿化量为 215.25~1302.13mg CO$_2$/kg，不同土属有机碳日均矿化量和累计矿化量大小顺序为：乌栅土>乌黄泥土>乌沙土>白土>灰黄泥土>黄泥土；且土壤有机碳呼吸强度和日均矿化量与微生物量碳和水溶性有机碳之间均有显著的正相关关系，相关系数分别为 0.686、0.594、0.826 和 0.749。有关于土壤有机碳组分的研究还有一些，都是基于研究土壤有机碳组分的变化，及其与各种环境因子的关系，至于气候变化下的土壤有机碳组分及影响因子的研究还有待于更加深入。

1.2.2.3　湿地土壤有机碳矿化的研究

土壤有机质的矿化作用伴随着土壤有机质的分解和 CO$_2$ 的释放，在全球气候变化中起着关键性的作用(Oorts et al.，2006)。土壤有机碳矿化是土壤物质循环重要的生物化学过程之一，与全球温室气体的排放以及土壤性质的维持密切相关。更好地了解土壤有机碳矿化动态和机制是十分必要的，可为选择科学的土壤养分管理措施提供依据，同时减轻全球变暖效应(Li et al.，2010)。因此掌握土壤有机碳的矿化作用机制，对了解土壤有机质对于大气 CO$_2$ 是碳源还是碳汇作用具有重要的意义。

(1)土壤理化性质对土壤有机碳矿化的影响

土壤有机碳矿化受到生物因子素、非生物因子和人类活动等多种因素的影响；其中，生物因子常指叶面积指数、植被类型和根系生物等；而非生物因子包括土壤温度和土壤含水量等因素(Jia et al.，2009)。

①温度对土壤有机碳矿化的影响：土壤温度作为影响土壤呼吸的最主要的环境因子之一(林彬等，2014)，与土壤呼吸的关系非常复杂。大量的研究表明，土壤有机碳矿化与温度之间具有显著的正相关关系(Song et al.，2010)。宋长春等(2003)在东北三江平原湿地研究中发现，湿地土壤的呼吸通量与植物根层土壤温度具有正相关关系；刘燕萍等(2010)在通过研究水田和林地土壤间土壤有机碳矿化量差异的试验中发现，培养温度对土壤有机碳矿化的差异具有显著的影响，在培养早期，温度升高能迅速增加土壤有机碳矿化。Anderson-Teixeira et al.(2011)在研究土壤呼吸对气候变化的响应上也指出温度增加能够促进土壤的 CO$_2$ 的释放。王丹(2013)、Taggart et al.(2012)研究发现，土壤呼吸随着温度升高而显著增加。但是，也有相关学者在研究发现碳矿化与

温度之间关系不明显或呈负相关。Fang et al. (2005)在对耕地、草地和林地不同类型土壤有机碳矿化的研究结果中发现，温度对土壤有机碳矿化的影响不明显。杨庆朋等(2011)亦指出，当温度过高不利于土壤酶促反应时，将会导致土壤有机碳矿化的 Q_{10} 值下降。而林杉等(2014)对长期施肥水稻土不同培养温度下的培养试验研究中发现，Q_{10} 值除与微生物生物量碳含量无显著线性关系外，与土壤中其他不同的碳组分均呈显著的线性相关。由此可见，在一定的温度条件下，温度对土壤有机碳矿化的影响存在着一定的促进作用，但是随着温度升高以及土壤类型的不同，温度对土壤有机碳矿化的促进作用也会减弱。

②水分对土壤有机碳矿化的影响：水分条件影响土壤有机碳矿化的主要因素之一。水分状况影响土壤有机碳组分以及土壤中的微生物数量和活性，进而影响土壤有机碳矿化(李忠佩等，2004)。在土壤含水量与土壤有机碳矿化上，两者之间目前也并没有固定的函数关系来表示(Fang et al.，2001；Thornley et al.，2001)。有研究指出过高或过低的土壤水分含量会限制土壤 CO_2 的释放；土壤水分过低将不利于土壤微生物生长，减缓植物根系呼吸；水分含量过高会导致土壤孔隙阻塞，进而限制土壤 CO_2 的释放(Yuste et al.，2003)，在缺水条件下，土壤微生物的种类、数量及活性受到限制，微生物对土壤有机碳的利用能力降低，将会限制土壤微生物对土壤有机碳的转化利用(肖巧琳等，2009)。当土壤含水量处于适度条件时，土壤微生物活性增强，土壤微生物含量增加，将会促进土壤有机碳矿化(王红灯，2008)。大部分研究结果指出，好气条件较淹水条件更有利于有机碳的分解(郝瑞军等，2006)。当土壤处于淹水条件下，有利于土壤腐殖质的积累，降低土壤有机碳的矿化速率，进而有利于土壤有机碳的累积(郝瑞军等，2008；Liping et al.，2001；Stevenson et al.，1999)，可能是由于土壤含水率高或者处于淹水条件会产生厌氧环境，土壤微生物活性会受到抑制，限制土壤有机质的分解，抑制土壤中有机碳的矿化，有利于大量有机碳积累(Gorham et al.，1991)。但也有部分研究却认为淹水条件会促进有机碳的降解。Devêvre et al. (2000)在研究不同温度和水分含量变化对土壤微生物在碳分解利用的研究中发现，当水分含量湿度的增加的时候，有机质分解速率增加。高娟等(2011)研究发现，在放牧湿地中，土壤呼吸速率与土壤水分呈正相关关系；杨继松等(2008)对三江平原腹地湿地研究表明，土壤深度和土壤的培养温度对湿地土壤有机碳矿化具有显著影响，但是水分处理对有机碳矿化的影响不明显。也有研究指出当土壤含水率在一定条件下时，土壤有机碳矿化速率显著增加。Wang et al. (2010)在根据调节不同田间持水量，分析水分含量对土壤有机碳库的影响研究发现，60%土壤含水率下土壤有机碳矿化速率最快，矿化量最大。王媛华等(2011)采用 ^{14}C 示踪试验表明，当土壤含水率处于 45% ~ 60% 时，土壤有机碳矿化量较高。同样，Hao et al. (2011)研究发现，好气处理下土壤有机碳矿化量要显著高于

淹水处理，但随着培养时间的延长，两者的差异逐渐变小。郝瑞军等（2006）在研究水分状况对水稻土有机碳矿化的研究中指出，土壤日均矿化量好气处理高于淹水处理，但是随着培养时间的延长，两者之间的差异也逐渐减小。Taggart et al.（2012）也指出土壤有机碳矿化的 Q_{10} 值随含水量的增加而增大，并且在50%田间持水量水平上最高。但是，Moyano et al.（2012）却发现在70%田间持水量水平上土壤有机碳累积矿化量最高。然而，Rey et al.（2005）在不同土壤含水量对碳矿化的研究影响中发现含水量对碳矿化 Q_{10} 值的影响不显著。沙晨燕（2015）在对位于美国俄亥俄州哥伦布市 Olentangy 河湿地研究中心湿地研究时发现土壤含水率与二氧化碳排放通量具有显著负相关性。可见，水分对土壤有机碳矿化会随着土壤类型以及含水量的变化而不同，并且受到温度变化的影响。

③土壤团聚体对土壤有机碳矿化的影响：土壤有机碳矿化因不同粒径的有机碳的组成与活性而存在差异（Jha et al.，2012）。黏粒具有保护土壤有机碳的作用，土壤黏粒的数量影响土壤有机碳矿化速率。土壤黏粒本身致密，黏粒表面富集的大量电荷能够使得土壤有机碳被紧密的吸附在黏粒表面而不容易被微生物分解利用，小分子颗粒与大的有机分子形成比较稳定的有机—无机复合体，从而形成更加稳固的团聚体结构抑制土壤有机碳矿化（Adams et al.，1990）。有研究指出土壤黏粒、粉粒、沙粒含量的变化显著的影响土壤有机碳矿化速率，黏粒含量增加则矿化速率增加，而沙粒含量增加则会导致矿化速率减小（Smith et al.，2000），可能是由于砂质土不利于有机质积累。矿化速率也因土壤有机质与黏粒颗粒结合形成不同粒径而存在着差异，这种差异在土壤团聚体的粒级变化上更为明显（Six et al.，2004）。张志丹等（2009）指出黏壤土中水稳性微团聚体可通过胶结的方式组成大团聚体，从而不易受到农业耕作的影响，土壤中的大团聚体相对于较小团聚体性质更加稳定。但是 Puget et al.（2000）和罗友进等（2011）指出土壤小团聚体（<0.25mm）是主要的土壤有机碳库，与碳矿化显著负相关；土壤大团聚体是富集碳的源，>5mm 团聚体与土壤有机碳矿化量呈显著正相关。Noellemeyer et al.（2008）在研究中发现，在 1~4mm 粒径之间的土壤团聚体土壤碳的呼吸速率远高于<1mm 团聚体。苗淑杰等（2009）对东北黑土的研究却指出，1~2mm 和 0.25~0.05mm 的土壤团聚体对土壤碳的固存都具有重要作用；魏亚伟等（2011）则指出土壤有机碳矿化速率在小粒径团聚体中更高。

（2）干扰对土壤有机碳矿化的影响

湿地是 CO_2 重要的源、汇和转换器，在全球变化过程中起着重要作用。湿地 CO_2 排放受诸多因子的影响，其中干扰是一个重要的因素。干扰可分为自然和人为两大类干扰方式，自然干扰主要为火烧、台风等自然因素的干扰，而人为干扰较为多样，主要包括采伐、放牧（强度、类型）、耕种（排水疏干湿地、面源污染）、外来物种入侵等

（杨平等，2012）。这些干扰都不同程度的影响湿地植物生长及群落结构特征（Laurenz et al.，2013）、动物群落结构组（Amy et al.，2003）、土壤理化性质（Dahwa et al.，2013）、微生物群落结构特征（Zhao et al.，2012），进而影响湿地作为 CO_2 排放源/汇的功能。土地利用随着谋求经济效益的提高而往往会发生重要改变（李庆奎，1992）。变更土地利用方式会直接导致土壤中有机质输入和输出量发生变化，并改变土壤有机质的含量和组成情况。土地利用变化导致碳排放增加，约有 1/3 是土壤有机质含量减少所引起（白军红等，2004）。土壤有机碳含量和组成显著影响土壤有机碳矿化过程（Zhou et al.，2014），土地利用方式的改变必然会引起土壤有机碳矿化发生改变。不同的土地利用方式下，土地种植方式和植被覆盖不同，使得凋落物物质组成和数量与施肥管理等方面的产生显著差异，改变土壤物理化学特性，进而影响土壤微生物群落组成和活性，影响土壤有机碳矿化（Luna-Suarez et al.，1998；Aon et al.，2001；李忠佩等，2007）。王丽丽等（2009）研究发现湿地垦殖后土壤有机碳储量降低，开垦为旱田土壤有机碳储量高于开垦为水稻田。

　　许多研究表明，当林地开垦为田地后，土壤有机碳矿化速率呈现增加。有学者在欧洲泥炭地转变为农田对温室气体排放的影响中发现，转变为耕地后土壤 CO_2-equivalent（CH_4 的温室效应是 CO_2 的 21 倍）排放量是未开垦前的 5~23 倍，CO_2 的排放量远远超过了 CH_4 的减少量（Kasimir-Klemedtsson et al.，1997）。李明峰等（2004）在利用静态暗箱法测定 CO_2 总排放量的实地观测中发现，不同土地利用类型土壤碳通量农田>草甸>休耕地，主要是不同土地类型间土壤有机碳含量差异导致。但是，也有研究发现林地转变为草地或农田后，土壤有机碳矿化速率反而降低。李杰等（2014）研究发现，没被干扰的林地开垦农田或伐木转变为草地后，土壤有机碳矿化速率下降，而在耕地退耕还林后，土壤有机碳矿化速率反而增加。徐汝民等（2009）在林地被开垦为农业用地后发现，土壤有机碳矿化速率和累积量都远低于原始的林地。吴建国等（2004）研究指出，农田和草地土壤有机碳矿化释放的 CO_2 量分都远低于天然次生林，其中农田最低，而人工林林地土壤碳矿化释放的 CO_2 量比农田和草地分别高 155% 和 17%。Motavalli et al.（2000）发现，当热带森林开垦成农田 5a 后，土壤有机碳矿化速率显著低于森林土壤。呈现这种相反结果可能是由不同土地类型土壤中有机碳含量差异变化导致的。也有研究发现不同的耕作方式也会影响土壤有机碳矿化速率。Franzluebbers et al.（1997）发现，轮作方式下的土壤碳矿化速率远高于连续耕作方式的耕地土壤，同时也高于休耕地。贾丙瑞等（2005）研究指出，围封地土壤有机碳矿化速率明显高于放牧地土壤，但两者之间总的动态差异不大。王小国等（2007）在研究林地、草地和轮作旱地的土壤呼吸温度敏感性发现，耕地的土壤呼吸敏感性要显著高于另外两种类型用地。牟长城等（2010）在研究落叶松泥炭藓沼泽时发现择伐有利于碳固定，而皆伐则增加了

CO_2的排放。

(3)外源氮输入对土壤有机碳矿化的影响

氮输入对土壤呼吸影响的研究结果有 3 种，分别是促进作用、抑制作用和无明显影响。大量研究表明大气氮沉降的增加能够抑制土壤 CO_2 的产生（Arnebrant et al.，1996）。大气氮沉降促进了土壤的硝化作用，使得土壤 pH 值降低，降低土壤碳的有效性，本来易被利用的碳源反而不易被微生物利用，从而导致整体微生物活性的降低（Thirukkumaran et al.，2000）。Persson et al.（2000）通过对松林土壤不同土层的研究发现，土壤氮含量与土壤有机碳矿化速率成负相关关系。主要是由于大气氮沉和氮肥添加降增加了土壤中的氮含量，促进土壤中无机氮与木质素残体或酚类化合物发生化学反应，降低土壤有机质的分解性（Lorenz et al.，2000）。长期氮输入能够降低土壤的 C/N 值，进而改变土壤理化性质，土壤 C/N 值越低，土壤中的 NH^+ 释放量越高，使得土壤中大分子有机物木质素的分解速率降低。也有研究指出较高的外源氮输入，能够通过抑制土壤微生物木质素分解酶活性，从而延缓凋落物和土壤中惰性有机质的分解（Magill et al.，1998）。新鲜凋落物中高氮含量能够加快其碳矿化速率，而随着这部分物质被快速降解后，矿化速率出现下降并且要低于低氮凋落物（Hart et al.，1994）。Agren et al.（2001）研究发现氮输入增加后凋落物质量发生改变，分解微生物转向较高的氮同化效率，微生物通过直接获取氮养分而减缓有机质的分解。

也有研究指出，由于氮输入的增加而使微生物群落的结构发生改变（Arnebrant et al.，1990；Baath et al.，1993）。Sjöberg et al.（2003）研究长期施氮肥对土壤有机碳矿化的影响时指出，高氮利用效率的微生物增多减轻了微生物对土壤有机质的分解利用。Berg et al.（1997）指出氮输入在早期能够促进新鲜凋落物的分解速率，但是之后会抑制腐殖质分解。Neff et al.（2002）在研究中也发现，施加氮显著加快了轻组有机质的分解，而重组有机质部分则更加稳定。也有研究报道氮输入的增多能够引起土壤碳矿化速率的增加。其原因在于氮输入使得土壤中有效性氮浓度的增加，减缓土壤氮限制状态，满足了植物生长需求，因而植物根系的生长提高了根呼吸通量。莫江明等（2005）研究表明，随着氮输入的增加，阔叶林土壤的呼吸量也显著增加。Mansson et al.（2003）对凋落物层以下土壤（0~50cm）的研究发现，土壤氮含量的增加提高了土壤有机碳矿化速率，可能是由于凋落物与土壤混合，土壤微生物活动所需要的易降解的碳源容易获得，进而促进了有机质的分解（Cotrufo et al.，1995）。另外，Falkengren-Grerup（1998）发现，长期氮沉降能够增加凋落物的分解和土壤有机碳矿化速率，但是在短期（<3a）实验中通常不会发现这种现象（Prescott，1995），可能是由于长时间的氮沉降和土壤酸化条件下，土壤微生物适应能力得到增强（Blagodatskaya et al.，1999）。

1.2.2.4 湿地碳循环研究存在的问题和发展趋势

目前，国内外对土壤有机碳的研究资料很多，主要集中于草原、耕地和森林土壤方面，取得了很多重要成果。国外关于自然湿地土壤有机碳及其组分的研究不少，主要集中于库塘、湖泊、河流以及滨海湿地等。我国对湿地的关注起步较晚，几十年来的研究工作主要放在平原湖泊、河流、滨海湿地，特别是针对"三河三湖"治理方面的研究工作为我国社会经济发展和环境污染治理做出了巨大贡献。21 世纪以来，才开始对高原湿地有了一定的关注，随着全球气候变化和温室效应的不断蔓延，科学界正试图寻求应对全球气候变化的突破口，对高原湿地土壤碳库的认识不断加深。在对若尔盖高原湿地土壤有机碳的研究发现，若尔盖湿地土壤有机碳储量丰富，在垂直分布上有机碳密度、有机碳含量和活性有机碳表现出随土层深度增加逐渐递减的空间分布格局，且有机碳的来源是植物的凋落物和残根，影响其含量和分布的主导因子是降水量；对若尔盖高原湿地土壤 CO_2、CH_4、N_2O 排放通量及其影响因素的研究，结果表明若尔盖湿地土壤 CO_2、CH_4、N_2O 的排放量低于草地的排放量，由于地处高原，气温低、长期淹水促进了泥炭的积累，同时发现温度、水分是控制排放量多少的主导因子。但是缺少高原湿地环境变化与土壤碳库"源汇"转化的关系，更缺乏气候变化和人为干扰叠加下高原湿地旱化演替对土壤有机碳积累与释放的影响研究。

1.2.2 湿地氮循环研究进展

1.2.2.1 湿地氮循环模型研究

湿地生态系统氮循环是指氮素在湿地土壤、植物、水体和大气之间进行的各种迁移转化和能量交换过程。其过程可划分为系统内和系统外两种过程，主要包括物理过程、化学过程和生物过程。系统内过程是指生物体和其生长基质(土壤)之间的循环过程，发生于生态系统内部各组分间的植物对氮素的吸收、积累、分配及归还的过程。系统外过程则是指湿地与相邻生态系统之间进行的氮交换过程，包括氮的输入和输出，主要通过气象、水文和生物等途径来实现。湿地生态系统氮循环示意如图 1-1 所示。

在生态系统营养元素循环研究中最常用方法是分室模型方法。例如，张福珠等(1991)利用分室模型方法研究了怀柔山地油松林的氮、磷、硫生物地球化学循环；Li et al. (1992)结合分室模型研究了加拿大杂类草禾草原氮素的内部循环；魏晶等利用分室模型研究了长白山高山冻原系统氮素生物循环(魏晶等，2005)等。森林和草原生态系统营养元素循环的研究比较系统、深入，与之相比，湿地的相关研究还存在着一定差距。近年来，分室模型方法被引入到湿地生态系统营养元素循环研究中。如，李新华等(2007)和 Sun et al. (2007)均以三江平原小叶章湿地生态系统为研究对象，应用分

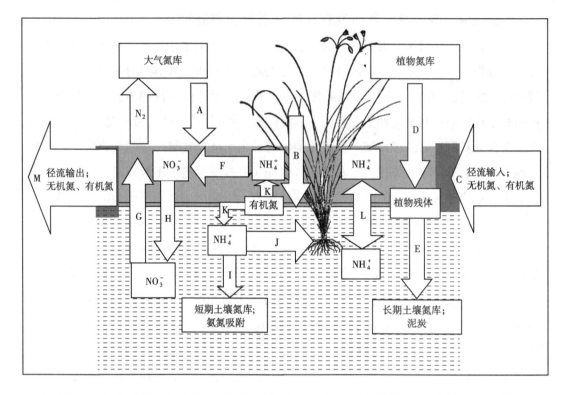

A. 大气氮沉降；B. 生物固氮；C. 径流及人为氮输入；D. 植物枯死；E. 残体分解；F. 硝化作用；G. 反硝化作用；H. 氮素的淋失；I. 土壤吸附；J. 植物吸收；K. 矿化作用；L. 沉积作用；M. 径流及人为氮输出。

图 1-1　湿地生态系统氮循环示意图（Denmead，1983）

室模型分别研究了硫和氮在大气—土壤—植物系统各分室中的分布及循环过程等。分室模型一般将植物—土壤系统划分为 4 个分室，即土壤分室、地上植物分室、枯落物分室和地下根系分室。氮循环属于气体型循环，大气也是主要的氮库之一。因此，湿地生态系统氮循环的分室模型中至少应包括 5 个分室，即大气分室、土壤分室、地上植物分室、地下根系分室和枯落物分室。具体的湿地氮循环模型如图 1-2 所示。

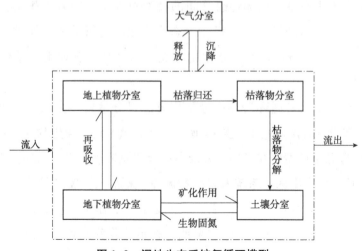

图 1-2　湿地生态系统氮循环模型

生态系统养分循环的特点可以通过吸收系数、利用系数、循环系数及周转期来表征(白军红等，2002)。吸收系数指单位时间、单位面积植物所吸收的某种元素的量与土壤中相应元素总量之比；利用系数为单位时间、单位面积植物所吸收的某种元素的总量与存在于植物现存量中相应元素总量之比；循环系数则是单位时间、单位面积植物归还生境的量与相应的吸收量之比，循环系数反映了元素在循环过程中的存留量大小，循环系数越大，系统中存留量的比例就越小，反之亦然。白军红等(2002)研究表明，在生态系统生物循环过程中氮的年吸收量，年存储量及年归还量都大于其他元素。不同湿地类型养分循环特征不同。根据 Woodwell et al. (1975)提出的元素平衡方程为吸收=存留+归还。三江平原毛薹草—甜茅沼泽湿地与小叶章草甸湿地生物循环特征存在差异(刘兴土等，2002)。

1.2.2.2　湿地生态系统氮循环过程研究

1)湿地植物对氮素的吸收作用

植物是湿地生态系统的重要组成部分，在湿地氮循环中发挥着重要的作用。20 世纪 70 年代以来，全球性氮污染的加剧以及人类对全球变化的日益关注，为湿地氮素的循环过程研究提供了契机，尤其是湿地对养分的净化功能研究的迅速发展，湿地植物对氮素的吸收作用得到了广泛关注(Steven et al.，2004；Lauchlan，2005)。

湿地植物通过自身的生长代谢可以吸收湿地中的营养元素。虽然湿地植物可以在高营养物浓度的环境下生长，但湿地植物的吸收作用是有限的(武维华，2003；徐治国等，2006)。湿地植物对氮的吸收量为 0.03~0.3g/(m² · d)，且在衰老和死亡期没有吸收氮的能力(梁威等，2003；种云霄等，2003)。湿地植物对氮素的吸收能力依植物类型而异。浮游植物吸收的氮占全部氮元素的 53%(李夜光等，2006)；芦苇(*Phragmites australis*)对多种营养物质具有吸收、代谢、积累作用，且长势越好、密度越大吸收能力越强，芦苇湿地对氮素的吸收能力最高，平均为 2.16kg/(d · hm²)(Kang，et al.，2002)；Romero et al. (1999)发现在以芦苇为优势种的恢复湿地中，芦苇对输入的无机氮的吸收量高达 66%~100%；Ennabili et al. (1998)研究发现湿地大型植物狭叶香蒲(*Typha angustifolia*)和芦苇对氮素的吸收量分别高达 922kg/hm² 和 561kg/hm²；香蒲(*Typha orientalis*)对总氮和总磷的吸收能力均较强(Lim et al.，2001)。

湿地植物在不同季节生长速度不同，对营养物质的需求和适应能力不同，因此对营养元素的吸收能力具有明显的季节差异(Christian et al.，2005)。Reddy et al. (1985)的研究发现，水生植物对氮素的吸收能力在夏季表现为：凤眼莲(*Eichhornia crassipes*)>浮莲(*Pistia stratiotes*)>水鳖(*Hydrocotyle umbellate*)>浮萍(*Lemna minor*)>槐叶萍(*Salvinia natans*)>紫萍(*Egeria densa*)，而在冬季则表现为：水鳖>凤眼莲>浮萍>浮莲>紫萍>槐叶萍；尹炜等(2006)研究表明，在不同生长发育阶段，芦苇对氮素的吸收量不同，5~

8月逐月升高，在8月份吸收量达到最高值，然后随着植物的衰老呈下降趋势，在11月(芦苇枯萎期)植物体内的氮含量达到一个较低的值；Chen et al.(1999)报道了当湿地植株老根开始死亡被分解时，淋失到土壤中的氮素仅有很少量被吸收；三江平原小叶章在快速生长期和成熟期，对氮素和磷素的吸收利用量均很大(孙雪利，1998)。另外，湿地植物组成对氮素的吸收能力有重要影响，单种群落湿地对总氮的吸收能力强于多种群落湿地(赵建刚等，2006)。氮素形态影响植物对氮素的吸收能力。与 NO_3^-—N 相比，湿地中许多大型水生植物对 NH_4^+—N 更有所偏爱(Martin et al.，1997)；植物对 NO_3^-—N 的吸收能力表现出：漂筏薹草>小叶章>毛薹草，而对 NH_4^+—N 的吸收能力则表现为：小叶章>毛薹草>漂筏薹草，这基本符合高等植物对 NO_3^-—N 的吸收利用限制其对 NH_4^+—N 的吸收利用的规律(孙雪利等，2000)。

2)湿地植物对氮素的积累作用

湿地植物主要生长在地表经常过湿、常年淹水或季节性淹水环境中，包括沼生植物、湿生植物和水生植物(吕宪国等，2004)。氮素常常是自然湿地系统中非常重要的限制性养分，其含量高低显著影响湿地植物的生产力，所以湿地植物常常因植物种类、生物学特性、自身生长节律、环境养分条件的差异等而表现出不同的氮积累特征。

(1)不同湿地植物种类的氮积累特征

不同湿地植物对氮素的积累能力有显著差别，沉水植物和浮水植物的体组织中的氮素浓度最高，睡莲(*Nymphaea tetragana*)、水生藤类植物和水生蕨类植物次之，而大部分挺水植物体组织中的氮素浓度均较低(Margaret et al.，1999)；梁子湖湿地各类植物中氮积累量的大小依次为：浮叶植物>挺水植物>沉水植物>沼泽植物>水稻(熊汉锋等，2007)；乌梁素海芦苇干物质中总氮含量为0.96%(尚士友等，2003)；崇明东滩湿地中，对于单位面积的地上植被来说，芦苇的氮容纳量最大，互花米草(*Spartina alterniflora*)次之，糙叶薹草(*Carex scabrirostris*)和海三棱草(*Scirpus mariqueter*)较低(闫芊等，2006)。

(2)不同生物学特性湿地植物的氮积累特征

植物对氮素的吸收、同化及其转运利用过程受植物各器官的制约，植物各器官的结构和功能不同，决定了植物各器官对氮素的积累特征也存在差异。叶片是植物的光合作用的构件，新陈代谢最旺盛的部位，故氮的含量较高；叶鞘既是输送养分的通道，又是兼具支持能力，新陈代谢活动较弱，氮的含量较低；根茎是输送养分的通道，根茎型的植物养分输送通道不发达，新陈代谢活动较弱，氮的含量也较低；新生的细根的生活力强，代谢旺盛，但在生殖生长季节，其氮的浓度亦不高；立枯物、根茎和细根的氮含量均较低，与营养输出有关；繁殖季节穗的氮含量居榜首(何池全，2002)。

三江平原毛薹草各器官氮含量表现为：穗>叶片>花序葶>细根>叶鞘>根茎>立枯（何池全，2002），小叶章和漂筏薹草各器官氮的平均含量表现为：茎>叶>根（孙雪利等，2000）；芦苇各器官氮积累特征差异明显，表现为叶>根>茎（朱清海等，2000）；多年生的红树植物白骨壤（*Avicennia marina*）植物体各器官的氮含量表现为：叶>茎>根（陈桂葵等，2004）。

（3）湿地植物的氮积累特征随生长节律表现出明显的季节动态

植物不同器官氮含量的变化，除与外界环境和氮素供给情况有关外，与其自身结构特点及生长节律有关（Darren et al.，2006；郭继勋等，1995）。植物根、茎和叶的组织结构不同，生长阶段不同，其氮素含量明显不同。植物的生长初期，大量从土壤中吸收无机氮，而且不断供给新生的枝叶。在植物生长后期，枝叶中的氮含量有一定的降低，这意味一部分氮从中丢失，植物可能从叶中主动回收营养，以用于继续生长，另一部分可能遭到淋失（王毅勇等，1999）。在苏北潮滩湿地，春季单位面积互花米草体内的总氮比冬季增加了24.7%，而芦苇则增加了144.3%（高建华等，2006）。植物对氮素的积累特征与其生长节律密切相关，也会因植物种类和器官的不同而表现出明显差异。香蒲在生长初期对氮素的积累量较低，随后植物处于快速生长期，对氮素的积累量增加，生长旺盛期过后，植物对氮素的积累速率开始下降，地上氮素养分也开始向地下转移（Garver et al.，1988）；而三江平原小叶章不同生长阶段各器官的氮含量在生长季内呈单调下降趋势，且叶>叶鞘>茎，根中总氮变化基本一致，根是氮的重要储库，而茎、叶和叶鞘的氮储量波动较大（孙志高等，2006）。

（4）湿地环境养分条件对植物氮积累也有着重要影响

Steven（1991）对美国佛罗里达两种湿地植物大克拉莎（*Cladium jamaicense*）和香蒲养分状况的研究发现，大克拉莎的生长只需要较低的养分，能够适应贫营养的环境，而香蒲对养分的需求量大，更适合生长在富营养的环境中。因此，随着湿地养分（人为氮和磷的输入）的增加，大克拉莎更容易受到香蒲的入侵（因大克拉莎在失去竞争力之前，仍只需要较低的养分，而香蒲在富营养的环境中更有利于生长）。Romero et al.（1999）对不同氮、磷水平下芦苇氮素积累特征的研究也发现，植物组织中氮和磷浓度均随着氮素营养水平的提高而增加。而 Xie et al.（2004）在对不同养分条件下水葫芦的生长及其对资源分配的研究则发现，高养分处理和变动养分处理（不断增加养分）条件下，植物生物量、植物体的总氮、总磷含量以及无性植株的数目大致相同，而植物各器官（根、叶柄和叶）的生物量和氮含量也不受各养分处理的影响。此外，变动养分处理条件下，地下与地上生物量的比值在试验阶段随着养分的不断增加而降低，而高养分处理和低养分处理条件下则不呈现这种变化。这说明养分的输入刺激了水葫芦的生长，但当其生长环境中的养分含量增加后，植物体自身会适时调整生物量的分配以达到对可获得资源的最佳利用。

总之，国内外在湿地植物氮积累特征方面开展了大量研究，研究了湿地植物种类、生长节律、生物学特性和环境养分条件的差异对植物氮积累特征的影响。研究结果表明，不同植物种类氮积累特征不同；同一植物不同器官氮积累特征存在差异；湿地植物氮积累特征具有明显的季节变化；环境养分条件对植物氮积累也具有重要影响。目前，关于湿地植物氮积累的研究多集中于湿地植物种及其各器官的氮积累特征研究，对于湿地植物群落氮积累特征特别是不同湿地植物群落氮积累特征对比研究缺乏。

3）湿地枯落物分解与氮归还

（1）湿地枯落物分解与氮释放研究

解作用是将复杂有机物分解为简单有机物或无机物的逐步降解过程。生态系统的分解作用是一个非常复杂的过程，它通常由 3 个环节组成，即降解过程、碎化过程和淋溶过程，分解过程实际上就是这 3 个分解过程的乘积（蔡晓明，2000）。淋溶完全是物理过程，它是指水将枯落物中的可溶性物质解脱出来并引起其重量的损失。碎化是指枯落物在生物因素（主要指动物生命活动）和非生物因素（如风化、结冰、解冻和干湿作用等）的共同作用下而进行的颗粒体粉碎过程。而降解则是指在微生物酶的作用下，有机物质进行的生物化学分解，分解的产物为单分子物质（如纤维素降解为葡萄糖）或无机物（葡萄糖降解为 CO_2 和 H_2O）。淋溶阶段植物枯落物的分解通常表现为可溶有机化合物（如蔗糖、有机酸、蛋白质、苯酚等）和无机矿物质（如 K、Ca、Mg、Mn 等）的迅速损失。该阶段一般持续几天到几个周时间，其结果会导致植物枯落物重量和 C、N、P 的大量损失（Taylor et al.，1996；France et al.，1997）。而在枯落物的降解和碎化阶段，主要表现为微生物大量分解枯落物中的不稳定有机物质和难溶化合物。由于枯落物是由大量难溶化合物组成，所以这两个阶段持续的时间要比淋溶阶段长的多。

当前，国内外关于湿地枯落物分解过程的研究主要集中在两方面，一是分解过程中营养元素和其他微量元素的释放；二是分解过程中有机质组分（如碳水化合物、纤维素、木质素等）的释放。氮素在枯落物分解中的变化动态直接影响湿地生态系统的营养状况。因此，湿地枯落物分解中氮素变化规律研究受到普遍关注。Stephen et al.（2003）研究了红树林湿地 *Rhizophora mangle*（美国红树叶子）分解过程中重量的减少及 C、N、P 成分的变化，分解 1a 后，大约有 60% 的干重损失，且分解袋中枯落物的 N、P 的含量是最初的 2 倍，这主要是 N、P 进入残体且长期积累的结果；杨继松等（2006）对三江平原小叶章湿地枯落物分解的研究发现，分解 16 个月后，小叶章枯落物分解前后氮素的浓度无变化，绝对量发生了净释放；而淡水挺水植物灯心草（*Juncus effusus*）叶在分解过程中，氮素浓度呈上升趋势，而绝对量相对稳定（Kuehn et al.，1998）。厉恩华等对生长于洪湖的菰（*Zizania latifolia*）（茎、叶）、莲（*Nelumbo nucifera*）（叶、叶柄）、微齿眼子菜(*Potamogeton maackianus*)(整株)进行的原位分解研究表明，480d 后，莲叶和菰叶干重损失率分别为 96.5% 和 96.6%，微齿眼子菜和莲叶柄干重损失率分别为 66.8% 和 71.6%，菰茎和莲叶柄中的氮素浓度分别增加了 1 倍和 2 倍，而莲叶和微齿眼子菜中的氮素含量降低，5 种分解材料分别释放其初始氮素总量的 22.6% ~ 98.0%(厉恩华，2006)。

(2)湿地枯落物分解的影响因素

枯落物分解是一个复杂的过程，是多种影响因素综合作用的结果。影响枯落物分解的因素包括枯落物的质量(物理和化学性质)、环境因素(主要包括枯落物所处环境的温度、湿度、营养物质的浓度、pH 值和溶解氧浓度等)和生物因素(指参与分解的微生物和土壤动物群落的种类、数量、活性等)(Aerts，1997)。

①枯落物的质量：枯落物质量直接决定了其相对可分解性(杨路华等，2003；Freeman et al.，2004)，而相对可分解性又依赖于枯落物的组织结构、各种营养元素及有机化合物的种类和含量(Michael et al.，2006；Bridgham et al.，2001)。一般，N 含量、P 含量、木质素含量、纤维素含量、酚类含量、C/N、C/P、N/P、木质素/N 等常作为描述枯落物质量的指标，是影响分解的重要因素，也是预测分解速率的重要指标。

木质素是枯落物中最难分解的成分，只有特定的微生物能够将其分解，因此，它控制着枯落物的分解速率。很多研究已经证实，木质素含量和分解率之间表现出负相关关系。一般而言，在 C/N 和木质素含量均较高的情况下，枯落物的分解较慢，反之亦然(Alicia et al.，2003)。同时，木质素/N 比值和纤维素、木质素/N 比值也被证明是表征枯落物分解速率的重要指标。

枯落物中的 C/N 被认为是表征枯落物分解速率的最理想指标(Lee et al.，2002)。Taylor et al. 认为木质素含量低或浮动范围大的枯落物，作为其分解速率的预测指标，C/N 较木质素含量、木质素/N 等更加理想(Taylor et al.，1989)。Lee et al.(2002)选择美国中西部的 10 块湿地作为研究对象，对比研究了不同优势物种枯落物的分解速率，发现每个试验点的优势物种枯落物的分解速率均与 C/N 呈显著正相关关系；而 Sanchez(2001)研究表明，枯落物 N 含量较高、C/N 较低，其分解的快。Blair(1992)认为 C/N 只在枯落物分解的早期阶段起重要作用；而王其兵等(2000)的研究则发现，只有在降水较少的条件下，分解速率才与枯落物的 C/N 密切相关；而在降水相对丰沛的条件下，这种规律并不明显。其原因可能是由于降水带来的 N 素改变了枯落物分解环境中的 C/N 所致。

另外，其他基质质量指标(如 N 浓度、P 浓度、C/P、酚类物质/N、酚类物质/P 等)也影响枯落物的分解进程。Aerts et al.(1997)对 4 种薹草湿地植物枯落物分解研究表明，枯落物分解初期(≤3 个月)极显著地受到 P 浓度和 C/P 的限制，然而枯落物的长时间分解（>1a）则受到酚类物质/N、酚类物质/P、木质素/N 和 C/N 的显著影响。Freeman et al.（2004）的研究还发现，枯落物产生的酚类物质对水解酶有着很强的抑制作用，而这种抑制作用又阻止了分解作用的进行，只有当其含量较低时，水解酶才有着较高的活性。枯落物的分解速率与其初始的氮含量有着较好的相关性，Björn 的研究表明，N 素在分解的早期阶段能够促进分解的进行，而在后期，高 N 浓度则能抑制分解的进行。

②环境因素：影响湿地枯落物分解的环境因素包括气候、水文条件、干湿交替、温度、养分条；pH 值、氧化还原电位等。

气候是影响枯落物分解的重要因素，其年际变化对分解速率有着重要影响（Raija et al.，2004）。气候条件决定了湿地水文季节变化、生物化学活性等，从而引起湿地枯落物的产量、所处环境的温湿条件、生物化学反应速度的差异。湿地水文状况对降水的季节性变化非常敏感，湿地环境的季节性干、湿循环特征随植物生长季气温和降水量变化而发生一定变化，这种水文条件的季节变化对湿地枯落物分解有较大的影响（宋长春，2003）。在众多气候因素中，气温和降水对枯落物分解的影响较大，它们对于分解进程均有着非常深刻的影响（王其兵等，2000；白光润等，1999）。一般而言，枯落物的分解速率随着气温的升高而增加，但王其兵等（2000）研究表明，高降水量的天气条件反而会使一些温带生态系统枯落物的分解减慢。总的来说，枯落物的总体分解状况主要取决于气温和降水（湿度）的对比关系（湿热比），当温度相对于湿度很高时，分解迅速；而当湿度相对于温度很高时，则抑制分解（白光润等，1999）。

湿地水文条件（如水位变化、干湿交替）直接影响湿地植物的生长、发育、分布格局和群落演替，影响土壤的氧化还原环境和土壤动物的生态特征。这些变化都直接或间接影响湿地枯落物的分解（Brinson et al.，1984；Edward et al.，2007）。目前，关于水分条件对于枯落物分解的影响尚存在着不确定性，水位和淹水周期的影响在大多数湿地中还不清楚。Lin et al.（2004）的研究则发现，湿地淹水条件下 *DO* 的消耗和有机物质的分解均加快；Van der Valk et al.（1991）对 4 种挺水植物的研究发现，高出正常水位 1m 的湿地中挺水植物分解速率明显高于正常水位的湿地；而 Wrubleski et al.（1997）对相同的 4 种挺水植物的研究却发现，未淹水土壤和其他 3 种不同水位的淹水土壤中根部分解速率相似；Edward et al.（1990）的研究表明，根部在淹水时间最长的土壤条件下分解最慢；而 Anderson et al.（2002）对 4 种水文情势（F1：321d 中淹水时间占 30%；F2：41%；F3：58%；F4：100%）下植物 *polygonum pensylvanicum* 的分解速率进行了研究，发现该植物茎、叶和种子在 F3 和 F4 条件下分解最慢，而在 F1 和 F2 条件下分解最快。干湿交替对于枯落物的分解也有着重要影响（Edward et al.，1990）。Battle et al.（2000）研究表明，与持续淹水相比，周期性淹水加速了枯落物的分解；Anderson et al.

（2002）的研究发现，自然的干湿交替能够提高 *Polygonum pensylvanicum* 枯落物的分解作用。然而，Brinson et al.（1984）对一些试验进行总结发现，增加淹水时间或淹水频率并不能增加湿地中枯落物的分解速率，认为湿地枯落物分解在干湿交替的土壤中某个适宜点上分解最快。

温度是影响有机质分解的主要因素之一，环境温度能够直接影响微生物和土壤动物的新陈代谢，进而影响枯落物的分解速率。Kueh et al.（1998）研究表明，亚热带湿地挺水植物立枯物上微生物的活性，特别是真菌活性，明显受到昼夜温差的影响。Battle et al.（2000）研究表明，由于冬季温度较低，微生物活性差，秋季和春季湿地挺水植物枯落物分解速率大于冬季。另外，Timo et al.（2006）研究表明，提高土壤温度可能导致枯落物的失重增加。

环境养分条件对枯落物的分解有重要的影响作用，特别是当异养生物分解活动对营养物质的需求量超过枯落物营养的供给量时，周围水和土壤环境中可溶性无机营养物质就可能被分解者作为营养补给所利用（Melillo et al.，1984）。湿地养分条件对于枯落物分解的作用机制比较复杂。一般而言，贫营养环境湿地枯落物比富营养环境更难分解，因为贫营养湿地植物通常有较高的 C/N 和较高浓度的难分解化合物（Schlesinger et al.，1981）。例如，Verhoeven et al.（1995）研究表明，富营养沼泽中生长的圆锥薹草（*Carex diandra*）的枯落物分解速率要比贫营养沼泽中生长的喙叶泥炭藓（*Sphagnum fallax*）快；人工湿地中枯落物分解速率总体较自然湿地低，因为人工湿地中有效营养物质含量低，降低了有机物质的分解速率（Atkinson et al.，2001）；Debusk et al.（2005）沿着长 10km 的 P 浓度梯度带布设分解箱，结果表明沿着土壤 P 浓度下降，分解速率不断降低。但也有研究表明，高生产力富营养沼泽湿地中的湿地植物 *Carex acutiformis* 分解速率比其他贫营养沼泽湿地中的湿地植物圆锥薹草，灰株薹草（*Carex rostrata*）和毛薹草都低（Aerts，1997）；而 Villar et al.（2001）的研究却发现，湿地水体的养分状况对于枯落物的分解速率并没有显著影响。外源营养物质输入对枯落物分解过程产生重要的影响。一般而言，增加 N、P 供给可以提高枯落物的 N、P 含量，改变枯落物分解环境中的 C/N 和 C/P，从而促进分解的进行（Coulson et al.，1978）。Szumigalski et al.（1996）和 Thormann et al.（1997）对加拿大泥炭湿地研究表明，枯落物分解速率与表面水中铵和可溶性活性磷（SRP）浓度呈正相关关系；Lee et al.（2002）研究得出不同样点的优势物种枯落物的分解速率与湿地水和沉积物中 P 的浓度呈显著相关。而宋长春等（2005）通过室内模拟实验发现，较多的氮素输入不利于常年淹水沼泽湿地枯落物的分解。而 Xie et al.（2004）分别通过室内模拟和野外实验研究，表明在水中添加外源营养物质 N、P，并不一定对湿地植物枯落物分解有明显影响。

湿地枯落物分解动态还受到 pH 值、氧化还原电位、溶解氧浓度、盐度等其他因素的影响。湿地的酸碱状况对于枯落物分解的影响主要是通过影响微生物的活性而发生作用。由于各种微生物都有各自最适宜活动的和可能适应的 pH 值范围，所以 pH 值过高或过低均会对微生物的活动产生抑制作用(蔡晓明，2000)。Kittle et al. (1995)研究表明，枯落物的分解速率与 pH 值呈正相关关系，酸性条件下，枯落物在较高的 pH 值(6.5)条件下比较低的 pH 值(2.5~4.5)分解快；James(1993)研究也表明，提高酸度能够抑制 *Sparganium eurycarpum* 枯落物分解作用的进行。盐度对淡水湿地植物 *Triglochin procerum* 枯落物分解的影响研究表明，盐度与分解速率成负相关关系(Roache et al.，2006)。

③生物因素：生物因素在枯落物分解中起到主导作用。枯落物中难分解成分主要是通过微生物和土壤动物进行生物降解。其中，微生物体内具有各种完成多种特殊化学反应所必需的酶系统，这些酶被分泌到枯落物内进行分解活动，其结果是一些分解产物作为食物而被微生物所吸收利用，另一些则被保留在环境中。而土壤动物在枯落物分解中主要表现在破碎和摄食消化等方面(蔡晓明，2000)。

在多数湿地中，细菌分解作用量占枯落物总流失量的90%(Barik et al.，2000)。真菌是湿地挺水植物立枯的主要分解微生物(Kuehn et al.，1998)；但随着分解的进行，枯落物形态和空间位置发生变化，生物量逐渐下降(Barik et al.，2000)，分解微生物以细菌作用为主(Battle et al.，2000)。Komínková et al. (2000)对芦苇枯落物微生物分解的研究表明，尽管在立枯物向水中倒伏的分解过程中真菌生物量减少或不变而细菌生物量增加，但枯落物中的真菌仍然保持较好的活性，认为在淹水情况下，真菌仍是主要的微生物分解者。

无脊椎动物一方面通过粉碎、采食枯落物直接参与分解；另一方面通过改变周围环境物理、化学和生物性质间接影响分解。目前，湿地生态系统中无脊椎动物分解功能的研究相对较少。Lillebø et al. (1999)通过室内控制实验研究表明，尽管微生物对分解起着重要的作用(分解率>67%)，但大型、中型土壤动物能够显著增强枯落物的分解；Huryn et al. (2002)和 Jonsson et al. (2001)进行的室内控制实验和野外实验也证实了随着碎食者无脊椎动物丰富度的增加，湿地枯落物分解速率加快。Battle et al. (2000)对4种水生草本植物进行野外分解实验研究发现，在河流湿地流水区中大型无脊椎动物是主要的分解者，而在滞水区微生物是主要的分解者。大量研究表明，微生物和土壤动物在枯落物分解过程中起着重要的作用。但受实验方法的限制，二者间的相对重要性和重要性的转化条件，目前还不很清楚(Gessner et al.，2002)。

目前，国内外已经在湿地枯落物分解过程和影响因素等研究领域开展了大量研究。其研究对象涉及盐沼、红树林沼泽和泥炭沼泽等生态系统；在研究内容上，进行了影响因素和元素分解释放规律的探讨。但这些研究大多停留在规律探讨和一般影响因素的研究上，尚需进行枯落物的完整分解过程综合研究和单一分解阶段的综合研究，揭示不同枯落物分解阶段的主要驱动力及其作用机理，为多种影响因素的作用机理和多种因子模型的建立提供依据；根据研究目的不断改进研究方法；开展大尺度、大环境梯度的枯落物分解研究。

4）湿地土壤氮的矿化—固持作用

氮素矿化过程指土壤有机氮在微生物作用下分解成无机氮的过程（杨路华等，2003）；与此同时进行着相反的过程，即已矿化的氮被土壤中微生物同化而形成有机氮（微生物体氮），这一过程称之为矿化氮的固持（沈善敏，1998）。矿质氮生物固持作用的表现就是土壤微生物量氮的消长变化。微生物在矿化有机氮的同时还会同化一部分矿质氮并合成自身的细胞和组织，使其不断增殖、生长。因此，矿质氮固持作用的相对强弱主要是通过研究土壤微生物量氮的变化来加以表达的（鲁彩艳等，2003）。土壤微生物量氮是土壤有机氮的一部分，在土壤氮素的转化过程中发挥着一定的作用，同时它也是易被作物吸收的养分库，据估计植物吸收的氮素中约有 60% 来自微生物量氮（陶水龙等，1998）。

氮素矿化过程受气候条件（主要是温度和湿度）的重要影响。湿地中有机氮的矿化速率随着环境温度的季节变化而改变，并在一定温度范围内，氮矿化随温度的增加而升高（Sierra，1996）。如 Alongi（2005）研究表明：湿地森林沉积物夏季的矿化速率要高于秋、冬；Adhikari（1999）研究表明，水稻田土壤有机氮矿化在夏季温暖、雨季湿润条件下的矿化能力高。水的可利用性是微生物过程和植物生长的主要限制因子，大气降水引起的土壤水分状况的季节变化可能会影响氮素的矿化过程。一般而言，适度的水分条件能够促进氮素的矿化，但当土壤水分增加到一定值时，氮素矿化会迅速下降（Marrs et al.，1991）；土壤干湿交替影响有机氮的矿化（Denef et al.，2001；Maysoon et al.，2005）。土壤的理化性质也是影响土壤氮供给的一个重要因素。土壤质地是影响微生物生物量和活性的重要因子，它间接影响土壤氮矿化（Prescott et al.，2000）；湿地土壤氮矿化过程还受土壤中总磷有效性的影响（Chen et al.，1999），矿化势与土壤总氮含量之间呈极显著相关关系（Groffman et al.，1996）；pH 值也可通过影响微生物的活性来间接地影响土壤氮素含量，微生物在中性环境中活性最强，在酸性或碱性条件下都不利于其固氮（黄瑞农，1994）。

由于土壤有机氮的矿化作用是在微生物和其他生物作用下的氨化过程，所以植物、土壤动物和微生物以及它们之间的相互关系均会对矿化过程产生重要影响。植物对土壤氮矿化的影响一方面是通过根系分泌的 H+ 和某些具有解胶性的有机酸促进土壤有机氮的矿化；而根际某些生物活性较强微生物的富集也是促进氮矿化的一个重要原因。此外，植物根系脱落物的 C/N 较宽，也可促进生物固持作用（鲁彩艳等，2003）。一般来说，土壤氮矿化与枯落物 C/N 呈负相关，当 C/N 较高时，氮源缺乏，土壤矿化出的氮将迅速被微生物固持，此时矿化速率较低；当 C/N 较低时，氮源充足，土壤矿化出的氮很少被微生物固持，此时矿化速率较高（Arunachalam et al.，1998；Berg et al.，1998）。枯落物质量对氮净矿化有良好的指示作用，当枯落物的木质素/N 增加时，净矿化呈强烈非线性下降，氮矿化被限制在一个较低的水平上；而当木质素/N 降低至一个较低值后，氮矿化将迅速增加（Satti et al.，2003）。此外，不同植物种（Lovett et al.，2004）、不同植被类型（Catherine et al.，2006）以及不同植物组成（Liu et al.，1993）对土壤有机氮矿化作用的影响不同。土壤动物的存在常常会增加有机质的分解和氮素的矿化（Ferris et al.，1998）。由于土壤微生物量作为"矿化—固持"中易矿化氮的源与库而存在，土壤微生物是氮通量的转换者，土壤微生物群落常常控制着土壤的氮净矿化动态（Bengtsson et al.，2003）。

总的来说，目前国外学者已经在湿地土壤氮素矿化—固持作用及影响因素等方面开展了大量研究，但这些研究又多集中在人工湿地—水稻田上。与国外相比，国内也在人工湿地—水稻田的研究方面开展了大量工作，但对于天然湿地土壤氮矿化—固持作用的相关研究还不多见。

1.2.2.3　湿地生态系统初级生产与氮循环关系研究

生态系统中 N 和 P 的供应情况对于植物生长具有重要影响，普遍认为，植物生产力主要受 N 有效性的限制，其次受 P 有效性的限制（Vitousek et al.，1991），通过研究湿地植物中 N 和 P 的平衡关系可以揭示养分对初级生产的影响。植物中的 N/P 是可以用来说明限制生长的营养因子（Willem et al.，1996）。Lockaby et al.（1999）对湿地森林研究发现，N/P 等于 12 时生产力最大，N/P 小于 12 时，则 N 缺乏，这个比例代表着 N 和 P 之间的平衡。Willem et al.（1996）曾对欧洲淡水湿地中植物体中 N/P 进行测定，发现 N/P<14 时，N 是植物生长的限制因子，N/P 介于 14～16 之间，则植物生长同时受 N 和 P 限制，N/P>16 时，则 P 是植物生长的限制因子。孙雪利（1998）将这种关系引入到三江平原淡水湿地生态系统研究之中，讨论了小叶章、毛薹草和漂筏薹草营养元素的利用情况，结果表明，3 种植物生长都受 N 素的限制，即 N 素的增加会引起植物生物量的增加；不同生长期，不同器官的 N/P 变化具有时间性；通过对不同时期不同部位 N/P 平均值分析，在 6 月中旬 N 素限制作用相对较小，而 8 月初限制作用大。孙志高等（2006）利用 Willem et al. 的结论探讨了三江平原淡水湿地植物小叶章的 N/P 发现，沼泽化草甸小叶章和典型草甸小叶章均受 N 限制，二者各器官的 N/P 均表现为：叶>叶鞘>根>茎，但沼泽化草甸小叶章植物体及各器官的 N/P 均值均明显高于典型草甸小叶章，说明 N 对于典型草甸小叶章的限制性程度要高于沼泽化草甸小叶章。段晓男等（2004）对富营养化湖泊湿地研究发现 N 是野生芦苇生长的主要限制因子，P 不是生长的限制因子。Romero et al.（1999）在盆栽实验中得到相同的结论。Erik et al.（2006）对比研究了美国西南部两个冲积平原森林的初级生产和养分循环之间的关系，结果表明，在萨蒂拉河（贫营养）泛滥平原 P 是主要的限制养分，奥尔塔马霍河（富营养）泛滥平原 N 是主要的限制养分。在泛滥平原森林中，不同的 P 循环和 P 利用效率对地上净初级生产具有很大的影响。

　　植物对养分缺乏的适应性反应包括形态和生理适应两个方面，在形态方面，植物常常通过调节地上部分和根系间的碳和养分分布，以最大限度地获取限制其生长的养分资源，影响生物量在植物各个器官的分配（Chapin，1980）。此外，减慢生长速率也是适应养分缺乏的一种调节机制（Chapin，1980）。通过减缓生长速率可以减少植株对养分的需求，以便在低养分供应条件下生存，这一机制也有利于植物度过短暂的养分缺乏后恢复生长。轻度缺氮会抑制地上部分的生长而促进根系生长，但严重缺氮会导致整个植株生长受到抑制。由于缺氮对根系生长的抑制小于对地上部分生长的抑制，结果会使植株的冠/根比下降。这种碳水化合物分配比例的变化有利于根系的生长，使根系从生长介质中获取更多的氮。另外，为了适应养分贫瘠的环境，植物可以从衰老的植物组织中回收养分，提高植物保存养分的能力，减少对土壤养分供应的依赖（Killingbeck，1996；Aerts，1996）。

　　植物从湿地中转移养分主要是通过收获的途径，其转移能力与植株地上部分的生物量及化学成分相关（Berit et al.，2002）。赵建刚等（2006）研究表明：人工湿地植物群落地上部分生物量的多少与湿地对 N 的净化效果之间可能存在一定的正相关关系。赵建刚等（2003）对几种湿地植物根系生物量研究又发现，植物根系生物量的多少与对污水的去除效果有一定的相关性。在芦苇湿地污水处理系统中，一般情况下湿地植物的生物量越大，其净化生活污水中"三氮"能力就越强（刘育等，2006）。徐德福等（2005）研究表明：湿地植物植株吸收总氮量与生物量呈极显著正相关。吴春笃等（2006）研究表明：北固山湿地虉草（*Digraphis arundinacea*）地上部分对氮、磷的积累主要受生物量的影响，与生物量高度相关。用于去除陆源污染物的人工湿地，由于地上部分生物量的收获改变了氮的循环过程，减少氮在湿地系统的积累（曲向荣等，2000）。

　　综上所述，近年来国内外在湿地生态系统氮循环模型、湿地植物对氮素的吸收作用、湿地植物对氮素的积累作用、枯落物分解过程中氮归还及湿地生物量和生产力与氮循环关系等方面开展了大量有意义的研究。国外研究主要集中在河流、湖泊和森林湿地，国内的研究不仅起步较晚，且主要集中在人工湿地尤其是水稻田。对淡水沼泽湿地氮循环的研究涉及较少。且已有的研究大多都限于对某种湿地植物群落氮循环特征的研究，缺少对多种湿地类型氮循环特征的对比研究，特别是处于不同演替阶段湿地的氮循环特征对比研究尚未涉及。

1.3　纳帕海湿地碳氮循环研究意义

　　我国是一个多山的国家，由于特殊的地理位置和气候条件，我国的高原湿地资源十分丰富，根据全国湿地资源调查有关数据统计，我国 3000m 以上高山湖泊、沼泽和沼泽化草甸、河流湿地总面积 924.66×10⁴hm²，占全国自然湿地总面积的 25.54%。在2000 年国务院颁布的《中国湿地保护行动计划》公布的 173 块国家重要湿地名录，其中有滇西北的碧塔海湿地、纳帕海湿地、拉市海湿地等 41 块国家重要湿地分布在该区域，占全国国家重要湿地总数的 23.70%。主要分布于西藏、青海、甘肃、新疆、四川和云南 6 个省(自治区)。我国高原湿地是独特的生态系统，具有十分重要的生态地位，是欧亚大陆上发育大江大河最多的区域，孕育了黄河、长江和流经 6 国的湄公河、恒河和印度河等，被誉为"中华水塔"甚至"亚洲水塔"。我国的高原地域辽阔、自然条件复杂，自然环境类型多种多样，境内湿地景观、环境的高度异质性，为众多野生动植物的栖息和繁衍提供了场所，高原湿地是高山地区区域生态环境中相对稳定的生态系统，湿地维护了该区域面积最广泛的高山草甸系统，稳定了气候，缓解了干旱，阻止了沙漠化的进展，从而缓解了整个区域环境的退化趋势，为整个高原荒漠生态系统带来了生机。同时，高原湿地尤其是高寒沼泽土壤碳储藏量非常高，对降低温室效益，稳定气候具有重要的作用(孙广友，1998)。

　　滇西北是云南高原湿地集中分布的区域，也是我国高原型国际重要湿地分布集中的区域。这些湿地孤立分散在高原面上，为闭合半闭合的湿地类型，是我国湿地中的独特类型，但目前还缺少对这些湿地的系统研究。位于滇西北金沙江流域，迪庆藏族自治州香格里拉海拔 3260m 的纳帕海湿地，为低纬度高海拔的季节性高原湖泊湿地类型，是云南高原四大国际重要湿地之一。由于地处长江上游，调节着冰雪融水、地表径流和河流水量，对长江下游水位和水量均衡有着重要作用；影响和调节着局地气候；为丰富的动植物群落提供了复杂而完备的特有生境，孕育了丰富的生物多样性；沼泽和湖泊湿地兼有的水体和陆地双重特征，为许多珍稀濒危物种提供了栖息繁衍地。同时其特殊的多样性和天然牧场的重要地位，为当地人民的生存提供了丰富资源。然而，由于纳帕海湿地发育于高原夷平面的陷落部分，相对孤立狭小，与其他湿地之间没有水道相通，生态系统较为脆弱和不稳定。纳帕海湿地地处农牧交错区和旅游热点地带，湿地资源的开发利用与保护矛盾比较突出。近年来，在气候变化和人类活动双重因素的叠加作用下，纳帕海湿地的资源性缺水问题十分突出，干旱化程度加剧，湿地面积萎缩，高原特有水生植物消失或减少，土壤养分衰减下降，湿地严重退化，湿地空间上从湖心向湖岸呈现出由原生沼泽、沼泽化草甸向草甸、垦后湿地的退化演替格局，湿地植物由水生、沼生向中生、旱生逆行演替，湿地环境改变、功能不断丧失，引起湿地的"汇源"转化（田昆等，2004）。因此针对纳帕海湿地的特殊性与保护的紧迫性，以高原湿地的保护与可持续利用为总目标，瞄准高原湿地退化与氮迁移转化规律之间耦合关系等前沿性科学问题。开展纳帕海不同退化阶段湿地碳氮迁移转化特征研究，阐明碳氮在纳帕海典型退化湿地中的迁移转化规律，揭示高原湿地退化过程与碳氮迁移转化规律之间的耦合关系，掌握高原湿地退化规律与机理，维持湿地功能，恢复退化的高原湿地环境，减少温室气体排放，使其朝着有利于人类生存的方向发展，为湿地生态环境的保护与恢复及应对全球气候变化，提供决策依据，并在湿地不受损害的前提下来指导湿地资源的合理开发利用，对协调湿地资源保护与当地经济社会发展有着重要的现实意义和深远意义。

第2章

纳帕海湿地环境特征

2.1 纳帕海湿地概况

2.1.1 纳帕海湿地自然概况

(1)地理位置

纳帕海湿地(99°37′10.6″E~99°40′20.0″E，27°48′55.6″N~27°54′28.0″N)行政上隶属云南省迪庆藏族自治州香格里拉市，距市区8km，平均海拔3260m(图2-1)。该湿地地处青藏高原东南缘横断山腹地的纵向岭谷区，位于长江上游，是我国长江流域重要的生态屏障。纳帕海湿地1986年列为省级自然保护区，以保护黑颈鹤、黑鹳为代表的珍稀濒危越冬候鸟和迁徙过境停歇候鸟及其栖息地安全为主要管理目标。纳帕海自然保护区总面积2400hm²，其中，核心区面积为1092.4hm²，占保护区总面积的45.5%，主要为浅水区域、沼泽化草甸及地下水位较高的草甸；季节性核心区面积为505.2hm²，

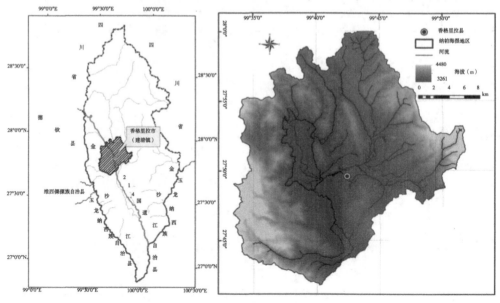

图2-1　纳帕海国际重要湿地地理位置示意图(李杰，2013)

占保护区总面积的 21.1%，包括部分雁鸭类水禽栖息区域，利用率相对较低的黑颈鹤觅食地以及对湿地有重要影响的沼泽草甸及泉眼水源处；实验区面积为 802.4hm²，占保护区总面积的 33.4%，主要是湖滨带以外的草甸和湖岸陆地部分（图 2-2）。2004 年纳帕海湿地列入"国际重要湿地"名录，国际重要湿地面积为 2083hm²。

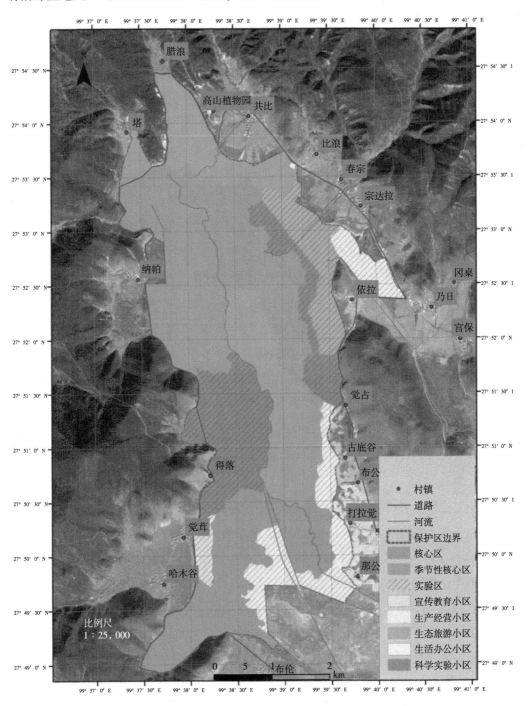

图 2-2 纳帕海自然保护区功能分区图

纳帕海湿地所在流域东西高，中间坝区低，是一个半封闭型流域，流域汇水在坝区北部经由若干喀斯特落水洞下泄汇入金沙江。发源于四周山地的纳赤（曲）河、奶子河、达拉河等河流及山泉汇入坝区，形成季节性纳帕海湖泊—沼泽—沼泽化草甸湿地。湿地位于流域中西部偏北。

（2）地质地貌

纳帕海湿地地处青藏高原东南缘横断山脉三江纵谷区东部，为镶嵌于横断山系高山峡谷区断陷盆地中的高原沼泽湿地，地质构造上属滇西地槽褶皱系，古生界印支槽褶皱带，中甸剑川岩相带，分布有从寒武纪到三叠纪各时代的石灰岩，以及大量的冰碛物及河流相沉积物，第三系砾石、砂石，第四系冲积、洪积、冰碛、湖积、坡积残积物等。纳帕海地貌形态较为复杂，具有冰川地貌、流水地貌、湖成地貌、喀斯特地貌、构造地貌等地貌类型及其组合特征，四周山岭环绕。湖盆发育在石灰岩母质的中甸高原上，湖盆一侧为中甸主断裂带，另一侧具有宽阔的浅水带，呈簸箕形，南北长12km，东西宽6km，受喀斯特作用的强烈影响，纳帕海湖盆底部被蚀穿形成落水洞。

（3）气候

纳帕海湿地属寒温带山地季风气候，主要受西部南季风和南支西风急流的交替控制，全年盛行南风和南偏西风。干湿季分明，四季不明显，夏秋多雨，冬春干旱的气候特征。据香格里拉气象资料记载，项目区年平均气温5.8℃，最冷月平均气温-8.7℃，最热月平均气温19.7℃，极端最低温-20.1℃，极端最高温25.6℃，≥10℃积温1529.8℃。年平均降水量618.4mm，雨季降水量（6～9月）占全年降水量的80%～90%。年蒸发量1643.6mm，年平均相对湿度70%，日照时数2180.3h，日照百分率50%。太阳总辐射122.8～142.6kcal/cm²。霜期244d，初雪多在10月，终雪在4月底，降雪期约6个月。

（4）水文

纳帕海湿地是香格里拉县境内最大的季节性高原湖泊湿地，湖盆南北长12km，东西宽6km，最大库容量4225×10⁴m³，常年水深为3.7m，正常水位为海拔3264.30m，50年一遇洪水位为海拔3266.65m。湖周围为海拔3800～4449m的高山所环绕，南部与建塘坝相连，是香格里拉县的汇水低地和出水口。纳帕海湿地属金沙江（长江）水系，集水面积660km²，有青龙潭、纳赤河、旺赤河、达浪河、共比河等10余条汇集流域山地的短小溪流注入湖内，流域径流以降水补给为主，东部和西部山前裂隙水的地下水源补给量不大。夏季丰水期水深可达4～5m，水面面积可达31.25km²，秋冬季（10月后）降水急剧减少，由于受喀斯特作用的强烈影响，湖底部被蚀穿形成落水洞，湖水从西北部岸边9个落水洞泄入地下河，潜流10km后，在尼西乡的汤堆出露，汇入金沙江。流域地形地貌、水文地质、降水年内季节性分配和年际变化等特征，决定了纳帕海湿地水文情势的独特性——湿地区水位(水面)年内季节变化和年际变化都十分显著。

（5）植被

纳帕海湿地目前记载维管植物 52 科 145 属 228 种。其中，陆生植物 159 种，湿地植物(含沼泽草甸、沼泽、水生等)69 种，是我国生物多样性较为丰富和集中的地区。其中，面山针叶林、高山灌丛、草甸、沼泽草甸、水生植被是本区域的植被的基本组成成分。

纳帕海属云南亚热带常绿阔叶林植被向青藏高原高寒植被区的过渡地带。面山森林植被垂直分布明显，从高海拔到低海拔依次出现：高山灌丛草甸→寒温性针叶林→温性针叶林→湿性常绿阔叶林→暖性针叶林、半湿性常绿阔叶林→河谷灌丛。主要的森林类型有：云冷杉林、华山松林、云南松林、矮刺松林、杜鹃林、箭竹林、高山柳林等，以天然次生林为主，兼有部分原始林和人工林，主要乔木树种有：高山松(*Pinus densata*)、华山松(*Pinus armandii*)、云杉(*Picea asperata*)、冷杉(*Abies fabri*)、白桦(*Betula platyphylla*)、山楂(*Crataegus pinnatifida*)、高山柳(*Salix cupularis*)；灌木树种：杜鹃(*Rhododendron simsii*)、刺柏(*Juniperus formosana*)、矮刺栎(*Quercus monimotricha*)、高山蔷薇(*Rosa transmorrisonensis*)；林下草本植物主要有：桃儿七(*Sinopodophullum hexandrum*)、滇香薷(*Origanum vulgare*)、狼毒(*Stellera chamaejasme*)、画眉草(*Eragrostis pilosa*)、发草(*Deschampsia caespitosa*)、翻白草(*Herba potentillae*)、狭盔马先蒿(*Pedicularis stenocorys*)、斑唇马先蒿(*Pedicularis longiflora var. tubiformis*)、香青(*Anaphalis sinica*)等。

虽然纳帕海地处高海拔山地环境，海拔在 3200m 以上，不利于水生植物的全面发展，但是水生植物群落类型及其区系组成却比长江中下游湖泊湿地丰富。如长江中下游平原湿地所不具有的北极-高山类型(杉叶藻群落)。世界广布的亮叶眼子菜群落、水葱群落、丝草群落、芦苇群落以本带为分布的上限，北极高山分布的杉叶藻以本带作为分布下限。湖盆的湿地植物种类较丰富，常见的有杉叶藻(*Hippuris vulgaris*)、针蔺(*Eleocharis valleculosa*)、碎米荠(*Cardamine hirsuta*)、鹅绒委陵菜(*Potentilla ansrina*)、水蓼(*Polygonum hydropiper*)、菹草(*Potamogeton crispus*)、篦齿眼子菜(*Potamogeton maackianus*)、扇叶水毛茛(*Batrachium bungei*)等。

（6）土壤

纳帕海湿地土壤类型有沼泽土、草甸沼泽土、草甸土、泥炭土四种类型。纳帕海湿地沼泽土、草甸沼泽土和草甸土土壤剖面特征和土壤理化性质存在显著差异。沼泽土和草甸湿地沼泽土土壤容重较小、含水量较高、土壤通气性差、有机质含量高，而草甸土壤容重较大，含水量较低，土壤通气性好，有机质含量低。纳帕海湿地中沼泽化草甸土壤是主要的碳、氮储库。纳帕海湿地沼泽化草甸湿地具有巨大的碳储存功能，碳储量明显高于沼泽和草甸。

2.1.2 纳帕海湿地周边社区概况

纳帕海国际重要湿地周边社区涉及香格里拉市建塘镇解放、北郊和尼史 3 个行政村，共辖 17 个自然村(社)。其中，解放村辖纳帕社、共比社、春宗社、达拉社、依拉社、下学社、康几社、归保社、乃日社等 9 个社；尼史村辖丛古社、格东社、仪寨社、哈木谷社、角茸社、几呢谷社、阿尼谷社等 7 个社；北郊村辖科松 1 个社，共计 719 户、3904 人，均为藏族。共有耕地面积 679.8hm²，牛、马、猪、羊等大小牲畜 1 万余头，人均年收入 2340 元。周边社区经济收入主要来源为畜牧业。共比社、春宗社、达拉社和依拉社因靠近滇藏公路，开展旅游较早，有一部分收入来源于旅游业，其余 13 个社的经济收入均依靠畜牧业。

2.2 纳帕海湿地面积

按照国家林业局《国家重要湿地监测工作方案》以及《第二次全国湿地资源调查技术规程》要求，纳帕海国际重要湿地面积监测可回溯至 2012 年。为便于不同年份间湿地面积对比，采用了 2012—2016 年每年 11 月同一时段的卫星遥感影像数据进行解译，得到纳帕海国际重要湿地 2012—2016 年每年的湿地面积变化结果。解译数据表明，纳帕海国际重要湿地总面积 2012—2016 年未发生变化，均为 2083hm²，与 2004 年纳帕海湿地列入国际重要湿地时面积相同。但由于纳帕海国际重要湿地为季节性湖泊湿地，湿地面积变化受水文周期变化，尤其是水位变化的控制，国际重要湿地范围内湿地景观类型变化较大(表 2-1)。

表 2-1　纳帕海国际重要湿地界限内湿地景观类型变化情况表

单位：hm²

年份	草甸	河流	湖泊	建筑用地	沼泽	沼泽化草甸	总面积
2012 年	1084.99	33.03	235	3.03	216.11	510.84	2083
2013 年	895.11	33.03	323.26	3.03	301.69	526.88	2083
2014 年	1141.29	33.03	192.13	3.03	256.86	456.66	2083
2015 年	907.26	33.03	418.64	3.03	352.07	368.97	2083
2016 年	1291.14	33.03	357.26	3.03	142.09	256.45	2083

从各年变化情况看，2012 年，纳帕海国际重要湿地内湿地面积(河流、湖泊、沼泽、沼泽化草甸)占总面积比例为 47.77%，非湿地面积(主要为草甸)占总面积比例为 52.23%(图 2-3)。2013 年，纳帕海国际重要湿地内湿地面积(河流、湖泊、沼泽、沼泽化草甸)占总面积比例为 56.88%，非湿地面积(主要为草甸)占总面积比例为 43.12%(图 2-4)。2014 年，纳帕海国际重要湿地内湿地面积(河流、湖泊、沼泽、沼泽化草甸)占总面积比例为 45.06%，非湿地面积(主要为草甸)占总面积比例为 54.94%(图 2-

5)。2015 年,纳帕海国际重要湿地内湿地面积(河流、湖泊、沼泽、沼泽化草甸)占总面积比例为 56.30%,非湿地面积(主要为草甸)占总面积比例为 43.70%(图 2-6)。2016 年,纳帕海国际重要湿地内湿地面积(河流、湖泊、沼泽、沼泽化草甸)占总面积比例为 37.87%,非湿地面积(主要为草甸)占总面积比例为 62.13%(图 2-7)。

图 2-3　2012 年纳帕海国际重要湿地
景观类型图

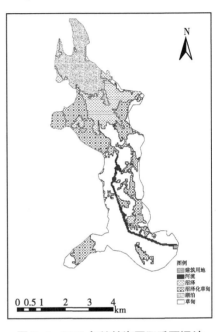

图 2-4　2013 年纳帕海国际重要湿地
景观类型图

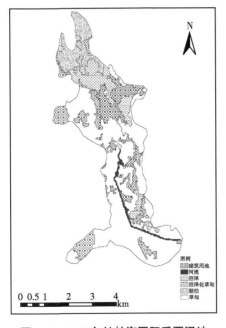

图 2-5　2014 年纳帕海国际重要湿地
景观类型图

图 2-6　2015 年纳帕海国际重要湿地
景观类型图

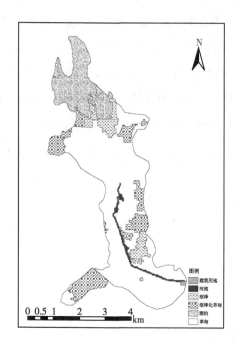

图 2-7　2016 年纳帕海国际重要湿地景观类型图

综上，纳帕海国际重要湿地总面积自 2012 年至 2016 年未发生变化，均为 2083hm²，与 2004 年纳帕海湿地列入国际重要湿地时面积相同。但范围内湿地类型(河流、湖泊、沼泽、沼泽化草甸)面积的比例每年都发生变化，符合受水位变化控制的季节性湿地特征；另外受人为活动干扰，纳帕海国际重要湿地内非湿地(草甸、建筑用地)面积增加，湿地萎缩退化，呈现出陆地化进程加快的趋势。导致纳帕海国际重要湿地内草甸面积增加，陆地进程加快现象出现的原因有两个方面：一方面环湖路的建设阻断了湿地与周围汇水面上的水源联系；另一方面纳赤河河道固化工程改变了纳帕海湿地的水文结构，加快了纳帕海湿地水流的排泄，同时河道水流无法漫到湿地内，加剧了纳帕海湿地的干旱化。

2.3　纳帕海湿地水环境状况

2.3.1　纳帕海湿地水文状况

纳帕海湿地是香格里拉县境内最大的季节性高原湖泊湿地，湖盆南北长 12km，东西宽 6km，最大库容量 4225 ×10⁴m³，常年水深为 3.7m，正常水位为海拔 3264.30m，50 年一遇洪水位为海拔 3266.65m。湖周围为海拔 3800~4449m 的高山所环绕，南部与建塘坝相连，是香格里拉县的汇水低地和出水口。纳帕海湿地属金沙江(长江)水系，集水面积 660km²，有青龙潭、纳赤河、旺赤河、达浪河、共比河等 10 余条汇集流域山地的短小溪流注入湖内，流域径流以降水补给为主，东部和西部山前裂隙水的地下水源补给量不大。夏季丰水期水深可达 4~5m，水面面积可达 31.25km²，秋冬季(10 月后)降水急剧减少，由于受喀斯特作用的强烈影响，湖底部被蚀穿形成落水洞，湖水从西北部岸边 9 个落水洞泄入地下河，潜流 10km 后，在尼西乡的汤堆出露，汇入金沙江。

纳帕海流域位于西南季风气候区。流域区雨季(5~10 月)、干季(11 月~次年 4 月)分明。流域多年均降水约为 658mm，雨季约占 80%，干季约占 20%(图 2-8)。流域地形地貌、水文地质、降水年内季节性分配和年际变化等特征，决定了纳帕海湿地水文情势的独特性——湿地区水位(水面)年内季节变化和年际变化显著。以 2001 年 11 月至

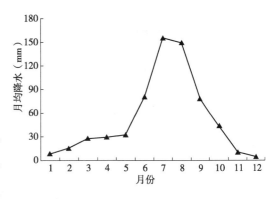

图 2-8　纳帕海流域多年月均降水量

2002 年 12 月为例(图 2-9)，从 2001 年 11 月至 2002 年 6 月，湿地区明水面变化不大(低水位期)；至 7 月明水面开始增加，在 8~9 月形成洪泛，9 月明水面几乎覆盖整个湖盆区；10 月下旬至 11 月下旬水位开始快速回落、明水面大幅萎缩；11 月底至第二年春季(5 月)湿地区水位又降至最低、明水面也萎缩至最小。

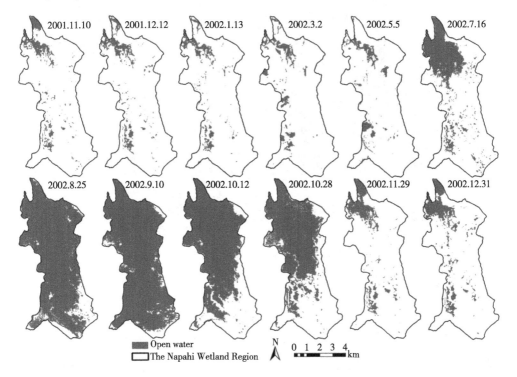

图 2-9　2001 年 11 月~2002 年 12 纳月帕海湿地区明水面季节性变化(李杰，2013)

这一独特的水文情势导致纳帕海湿地的季节变化，也成为重要的水源补给，从监测数据看，自2014年以来草甸面积逐年增加，湿地退化萎缩，陆地化进程加快，显示了水源补给减少的变化，这一现象与纳赤河实施的河道整治工程阻滞了最主要的汇水河流纳赤河的水源泛滥补给有着密切关系。

2.3.2　纳帕海湿地水质状况

2.3.2.1　水质监测方法

2016年6月中旬，采用均匀布点与敏感区布点相结合的方法，选取了27个点对纳帕海湿地水质进行监测(图2-10)。根据地表水采样方法，以水样采集器采集水面以下0.5m深水样，恒温箱带回实验室，采用连续流动分析仪进行水质检测分析，监测指标包括总氮、总磷、高锰酸盐指数、氨氮、化学需氧量、五日生化需氧量。温度、电导率、盐度、pH值、氧化还原电位、浊度、透明度、叶绿素、蓝绿藻藻蓝蛋白和溶解氧采用便携式水质分析仪现场测定。

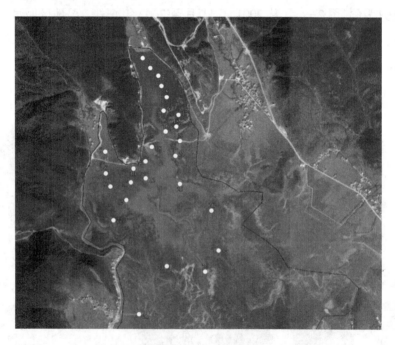

图2-10　纳帕海国际重要湿地水质监测布点示意图

2.3.2.2　监测结果

(1)水质状况

纳帕海湿地2016年水质监测结果见表2-2，依据《地表水水环境质量标准》(GB3838—2002)(表2-3)进行评估，纳帕海水体各监测指标超标情况见表2-4，具体分析如下：

表 2-2　纳帕海湿地水质监测结果

样品编号	温度 (℃)	电导率 (μs/cm)	盐度 (×10⁶mg/L)	pH 值	氧化还原电位 (mV)	浊度 (NTU)	叶绿素 (μg/L)	蓝绿藻藻蓝蛋白 (个/mL)	溶解氧 (mg/L)	透明度 (m)	化学需氧量 (mg/L)	五日生化需氧量 (mg/L)	高锰酸盐指数 (mg/L)	总氮 (mg/L)	总磷 (mg/L)	氨氮 (mg/L)
1	18.42	185	0.10	9.24	14.4	8.7	1.1	777	6.63	1.0	26	5.6	5.8	0.3238	0.2651	0.0961
2	18.41	186	0.10	9.98	9.7	8.7	1.1	777	6.63	1.8	27	4.4	6.0	0.3178	0.2774	0.1232
3	18.39	184	0.10	10.11	−23.3	8.7	1.1	777	6.63	1.3	28	4.6	6.5	0.3862	0.2801	0.1613
4	18.23	186	0.10	10.18	18.7	−181.6	0.5	3894	6.01	1.5	26	3.0	6.2	0.3453	0.2574	0.1102
5	18.64	184	0.10	10.17	−16.3	455.6	1.1	14108	5.94	1.3	25	5.5	6.8	0.3512	0.283	0.0861
6	18.57	191	0.10	10.00	20.4	5.3	17.9	1643	8.34	1.4	22	5.3	6.3	0.3563	0.2965	0.1246
7	18.95	197	0.11	9.84	47.1	7.8	11.1	3137	9.02	0.8	23	5.1	6.3	0.3800	0.3047	0.1386
8	18.09	198	0.11	9.81	72.6	28.2	5.0	15833	8.51	1.4	22	4.7	6.1	0.4312	0.3226	0.1466
9	17.98	192	0.11	9.78	88.8	1078.3	5.0	14185	8.83	1.4	22	2.6	6.0	0.3973	0.2765	0.1288
10	18.01	188	0.1	10.00	91.6	1078.5	5.0	14185	8.82	1.5	22	3.0	5.8	0.4351	0.3725	0.1559
11	18.85	194	0.1	10.34	78.1	1.4	8.3	1536	8.88	1.3	22	2.8	6.6	0.3077	0.2631	0.0743
12	18.79	188	0.1	10.25	83.6	1.4	8.3	1536	8.89	1.4	29	5.7	7.0	0.3252	0.3004	0.0769
13	18.10	188	0.1	10.33	78.4	1.4	5.4	17400	9.22	1.4	22	4.6	6.5	0.3317	0.3771	0.0807
14	17.85	231	0.13	9.51	107.5	1.4	5.4	17400	9.3	1.2	21	4.6	5.6	0.7015	0.2293	0.7159

（续）

样品编号	温度 (℃)	电导率 (μs/cm)	盐度 (×10⁶mg/L)	pH值	氧化还原电位 (mV)	浑浊度 (NTU)	叶绿素 (μg/L)	蓝绿藻藻蓝蛋白 (个/mL)	溶解氧 (mg/L)	透明度 (m)	化学需氧量 (mg/L)	五日生化需氧量 (mg/L)	高锰酸盐指数 (mg/L)	总氮 (mg/L)	总磷 (mg/L)	氨氮 (mg/L)
15	18.88	259	0.14	9.18	106.2	5.2	2.0	900	7.44	0.4	18	2.6	4.8	1.3565	0.104	1.8809
16	18.37	224	0.12	9.44	93.9	5.1	2.0	900	7.57	1.0	20	4.8	5.7	0.6364	0.2648	0.5588
17	19.08	216	0.12	9.49	94.9	5.2	2.0	900	7.39	1.0	23	4.3	6.2	0.3772	0.0999	0.1502
18	19.32	241	0.13	9.33	93.3	−5.3	1.4	7863	6.21	0.4	23	1.5	5.8	0.3531	0.0712	0.0923
19	19.75	248	0.13	9.01	114.7	399.9	0.5	15994	7.45	0.3	28	6.4	7.1	0.529	0.1273	0.2671
20	19.94	247	0.13	8.75	131.7	704.8	1.0	1386	5.71	0.5	31	5.9	7.4	0.5148	0.1268	0.1743
21	15.44	107	0.06	9.17	−76.7	683.4	1.0	1386	6.66	0.3	70	18.0	29.6	0.7798	0.0632	0.1392
22	25.5	262	0.12	8.45	42.8	731.5	1.0	1386	4.78	0.5	32	7.0	7.6	0.5799	0.1047	0.2675
23	—	—	—	—	—	—	—	—	—	—	9	1.6	2.9	0.0452	0.0227	0.0805
24	—	—	—	—	—	—	—	—	—	—	22	4.6	4.1	2.169	0.1459	3.2013
25	—	—	—	—	—	—	—	—	—	—	38	9.2	11.1	0.6697	0.0803	0.1579
26	—	—	—	—	—	—	—	—	—	—	37	7.1	11.1	0.5286	0.0447	0.1292
27	—	—	—	—	—	—	—	—	—	—	38	8.4	12.3	0.5463	0.0704	0.332

表 2-3　国家地表水环境质量标准基本项目标准限值

单位：mg/L

序号	项目	标准值分类				
		I 类	II 类	III 类	IV 类	V 类
1	水温	人为造成的环境水温变化应限制在：周平均最大温升≤1℃，周平均最大温降≤2℃				
2	pH 值（无量纲）	6~9				
3	溶解氧≥	饱和率 90%（或 7.5）	6	5	3	2
4	高锰酸盐指数≤	2	4	6	10	15
5	化学需氧量（COD）≤	15	15	20	30	40
6	五日生化需氧量（BOD）≤	3	3	4	6	10
7	氨氮（NH_3-N）≤	0.15	0.5	1.0	1.5	2.0
8	总磷（以 P 计）≤	0.02（湖、库 0.01）	0.1（湖、库 0.025）	0.2（湖、库 0.05）	0.3（湖、库 0.1）	0.4（湖、库 0.2）
9	总氮（湖、库，以 N 计）≤	0.2	0.5	1.0	1.5	2.0

注：引自《地表水环境质量》（GB 3838—2002）。

表2-4 纳帕海湿地水质超标情况

样品编号	高锰酸盐指数（mg/L）			总氮（mg/L）			总磷（mg/L）			氨氮（mg/L）			化学需氧量（mg/L）			五日生化需氧量（mg/L）		
	超Ⅲ类标准倍数	超Ⅳ类标准倍数	超Ⅴ类标准倍数	超Ⅲ类标准倍数	超Ⅳ类标准倍数	超Ⅴ类标准倍数	超Ⅲ类标准倍数	超Ⅳ类标准倍数	超Ⅴ类标准倍数	超Ⅲ类标准倍数	超Ⅳ类标准倍数	超Ⅴ类标准倍数	超Ⅲ类标准倍数	超Ⅳ类标准倍数	超Ⅴ类标准倍数	超Ⅲ类标准倍数	超Ⅳ类标准倍数	超Ⅴ类标准倍数
1	(0.03)	(0.42)	(0.61)	(0.68)	(0.78)	(0.84)	4.30	1.65	0.33	(0.90)	(0.94)	(0.95)	0.30	(0.13)	(0.35)	0.40	(0.07)	(0.44)
2	0.00	(0.40)	(0.60)	(0.68)	(0.79)	(0.84)	4.55	1.77	0.39	(0.88)	(0.92)	(0.94)	0.35	(0.10)	(0.33)	0.10	(0.27)	(0.56)
3	0.08	(0.35)	(0.57)	(0.61)	(0.74)	(0.81)	4.60	1.80	0.40	(0.84)	(0.89)	(0.92)	0.40	(0.07)	(0.30)	0.15	(0.23)	(0.54)
4	0.03	(0.38)	(0.59)	(0.65)	(0.77)	(0.83)	4.15	1.57	0.29	(0.89)	(0.93)	(0.94)	0.30	(0.13)	(0.35)	0.25	(0.50)	(0.70)
5	0.13	(0.32)	(0.55)	(0.65)	(0.77)	(0.82)	4.66	1.83	0.42	(0.91)	(0.94)	(0.96)	0.25	(0.17)	(0.38)	0.38	(0.08)	(0.45)
6	0.05	(0.37)	(0.58)	(0.64)	(0.76)	(0.82)	4.93	1.97	0.48	(0.88)	(0.92)	(0.94)	0.10	(0.27)	(0.45)	0.33	(0.12)	(0.47)
7	0.05	(0.37)	(0.58)	(0.62)	(0.75)	(0.81)	5.09	2.05	0.52	(0.86)	(0.91)	(0.93)	0.15	(0.23)	(0.43)	0.28	(0.15)	(0.49)
8	0.02	(0.39)	(0.59)	(0.57)	(0.71)	(0.78)	5.45	2.23	0.61	(0.85)	(0.90)	(0.93)	0.10	(0.27)	(0.45)	0.18	(0.22)	(0.53)
9	0.00	(0.40)	(0.60)	(0.60)	(0.74)	(0.80)	4.53	1.77	0.38	(0.87)	(0.91)	(0.94)	0.10	(0.27)	(0.45)	0.35	(0.57)	(0.74)
10	(0.03)	(0.42)	(0.61)	(0.56)	(0.71)	(0.78)	6.45	2.73	0.86	(0.84)	(0.90)	(0.92)	0.10	(0.27)	(0.45)	0.25	(0.50)	(0.70)
11	0.10	(0.34)	(0.56)	(0.69)	(0.79)	(0.85)	4.26	1.63	0.32	(0.93)	(0.95)	(0.96)	0.10	(0.27)	(0.45)	0.30	(0.53)	(0.72)
12	0.17	(0.30)	(0.53)	(0.67)	(0.78)	(0.84)	5.01	2.00	0.50	(0.92)	(0.95)	(0.96)	0.45	(0.03)	(0.28)	0.43	(0.05)	(0.43)
13	0.08	(0.35)	(0.57)	(0.67)	(0.78)	(0.83)	6.54	2.77	0.89	(0.92)	(0.95)	(0.96)	0.10	(0.27)	(0.45)	0.15	(0.23)	(0.54)
14	(0.07)	(0.44)	(0.63)	(0.30)	(0.53)	(0.65)	3.59	1.29	0.15	(0.28)	(0.52)	(0.64)	0.05	(0.30)	(0.48)	0.15	(0.23)	(0.54)

（续）

样品编号	高锰酸盐指数（mg/L）			总氮（mg/L）			总磷（mg/L）			氨氮（mg/L）			化学需氧量（mg/L）			五日生化需氧量（mg/L）		
	超Ⅲ类标准倍数	超Ⅳ类标准倍数	超Ⅴ类标准倍数	超Ⅲ类标准倍数	超Ⅳ类标准倍数	超Ⅴ类标准倍数	超Ⅲ类标准倍数	超Ⅳ类标准倍数	超Ⅴ类标准倍数	超Ⅲ类标准倍数	超Ⅳ类标准倍数	超Ⅴ类标准倍数	超Ⅲ类标准倍数	超Ⅳ类标准倍数	超Ⅴ类标准倍数	超Ⅲ类标准倍数	超Ⅳ类标准倍数	超Ⅴ类标准倍数
15	(0.20)	(0.52)	(0.68)	0.36	(0.10)	(0.32)	1.08	0.04	(0.48)	0.88	0.25	(0.06)	(0.10)	(0.40)	(0.55)	(0.35)	(0.57)	(0.74)
16	(0.05)	(0.43)	(0.62)	(0.36)	(0.58)	(0.68)	4.30	1.65	0.32	(0.44)	(0.63)	(0.72)	0.00	(0.33)	(0.50)	0.20	(0.20)	(0.52)
17	0.03	(0.38)	(0.59)	(0.62)	(0.75)	(0.81)	1.00	(0.00)	(0.50)	(0.85)	(0.90)	(0.92)	0.15	(0.23)	(0.43)	0.08	(0.28)	(0.57)
18	(0.03)	(0.42)	(0.61)	(0.65)	(0.76)	(0.82)	0.42	(0.29)	(0.64)	(0.91)	(0.94)	(0.95)	0.15	(0.23)	(0.43)	(0.63)	(0.75)	(0.85)
19	0.18	(0.29)	(0.53)	(0.47)	(0.65)	(0.74)	1.55	0.27	(0.36)	(0.73)	(0.82)	(0.87)	0.40	(0.07)	(0.30)	0.60	0.07	(0.36)
20	0.23	(0.26)	(0.51)	(0.49)	(0.66)	(0.74)	1.54	0.27	(0.37)	(0.83)	(0.88)	(0.91)	0.55	0.03	(0.23)	0.48	(0.02)	(0.41)
21	3.93	1.96	0.97	(0.22)	(0.48)	(0.61)	0.26	(0.37)	(0.68)	(0.86)	(0.91)	(0.93)	2.50	1.33	0.75	3.50	2.00	0.80
22	0.27	(0.24)	(0.49)	(0.42)	(0.61)	(0.71)	1.09	0.05	(0.48)	(0.73)	(0.82)	(0.87)	0.60	0.07	(0.20)	0.75	0.17	(0.30)
23	(0.52)	(0.71)	(0.81)	(0.95)	(0.97)	(0.98)	(0.55)	(0.77)	(0.89)	(0.92)	(0.95)	(0.96)	(0.55)	(0.70)	(0.78)	(0.60)	(0.73)	(0.84)
24	(0.32)	(0.59)	(0.73)	1.17	0.45	0.08	1.92	0.46	(0.27)	2.20	1.13	0.60	0.10	(0.27)	(0.45)	0.15	(0.23)	(0.54)
25	0.85	0.11	(0.26)	(0.33)	(0.55)	(0.67)	0.61	(0.20)	(0.60)	(0.84)	(0.89)	(0.92)	0.90	0.27	(0.05)	1.30	0.53	(0.08)
26	0.85	0.11	(0.26)	(0.47)	(0.65)	(0.74)	(0.11)	(0.55)	(0.78)	(0.87)	(0.91)	(0.94)	0.85	0.23	(0.08)	0.78	0.18	(0.29)
27	1.05	0.23	(0.18)	(0.45)	(0.64)	(0.73)	0.41	(0.30)	(0.65)	(0.67)	(0.78)	(0.83)	0.90	0.27	(0.05)	1.10	0.40	(0.16)
平均	0.25	(0.25)	(0.50)	(0.46)	(0.64)	(0.73)	3.02	1.01	0.01	(0.64)	(0.76)	(0.82)	0.34	(0.10)	(0.33)	0.32	(0.12)	(0.47)

注："（）"表示未超标。

高锰酸盐指数：1、10、14、15、16、18、23、24 号监测点未超过地表水水质Ⅲ类标准，其余各监测点均超过地表水水质Ⅲ类标准；21、25、25、27 号监测点超过地表水水质Ⅳ类标准，超标倍数分别为 1.96 倍、0.11 倍、0.11 倍、0.23 倍；21 号监测点超过地表水水质Ⅴ类标准，超标倍数为 0.97 倍。

总氮：15 号和 24 号监测点超过地表水水质Ⅲ类标准，超标倍数分别为 0.36 倍和 1.17 倍，其余各监测点均未超过地表水水质Ⅲ类标准。其中，24 号监测点超过地表水水质Ⅴ类标准，超标倍数为 0.08 倍。

总磷：23 和 26 号监测点未超过地表水水质Ⅲ类标准，17、18、21、25、27 号监测点未超过地表水水质Ⅳ类标准，15、19、20、22、24 号监测点未超过地表水水质Ⅴ类标准，其他各监测点均超过地表水水质Ⅴ类标准。

氨氮：15 号监测点超过地表水水质Ⅳ类标准，超标倍数为 0.25 倍；24 号监测点未超过地表水水质Ⅴ类标准，超标倍数为 0.60 倍；其他各监测点均未超过地表水水质Ⅲ类标准。

化学需氧量：15 号和 23 号监测点未超过地表水水质Ⅲ类标准，其余各监测点均超过地表水水质Ⅲ类标准；20、21、22、25、26、27 号监测点均超过地表水水质Ⅳ类标准；21 号监测点超过地表水水质Ⅴ类标准，超标倍数为 0.75 倍。

五日生化需氧量：3、9、10、11、15、18、23 号监测点未超过地表水水质Ⅲ类标准，其余各监测点均超过地表水水质Ⅲ类标准；19、21、22、25、26、27 号监测点均超过地表水水质Ⅳ类标准；21 号监测点超过地表水水质Ⅴ类标准，超标倍数为 0.80 倍。

根据《云南省地表水环境功能区划（2010—2020 年）》，纳帕海全湖水质类别为Ⅲ类。而监测结果表明纳帕海全湖水体总氮和氨氮未超过地表水水质Ⅲ类标准，高锰酸盐指数、化学需氧量和五日生化需氧量均未超过地表水水质Ⅳ类标准，总磷超过地表水水质Ⅴ类标准，说明纳帕海水环境质量已经恶化。

（2）水体富营养化状况

根据《湖泊（水库）富营养化评价方法及分级技术规定》（中国环境监测总站，总站生字〔2001〕090 号），采用综合营养状态指数法对纳帕海湿地水体富营养化水平进行评价。

综合营养状态指数计算公式为：

$$TLI(\sum) = \sum W_j \cdot TLI_{(j)}$$

式中　$TLI(\sum)$——综合营养状态指数；

　　W_j——第 j 种参数的营养状态指数的相关权重；

　　$TLI_{(j)}$——代表第 j 种参数的营养状态指数。

以 chla 作为基准参数，则第 j 种参数的归一化的相关权重计算公式为：

$$W_j = \frac{r^2_{}}{\sum\limits_{j=1}^{m} r_{ij}^2}$$

式中　r_{ij}——第 j 种参数与基准参数 chla 的相关系数；

　　　m——评价参数的个数。

湖泊(水库)营养化状况评价指标：

叶绿素 a(chla)、总磷(TP)、总氮(TN)、透明度(SD)、高锰酸盐指数(COD_{Mn})。

湖泊(水库)营养状态分级：

采用 0~100 的一系列连续数字对湖泊(水库)营养状况进行分级：

$TLI(\sum) < 30$	贫营养
$30 \leqslant TLI(\sum) \leqslant 50$	中营养
$TLI(\sum) > 50$	富营养
$50 < TLI(\sum) \leqslant 60$	轻度富营养
$60 < TLI(\sum) \leqslant 70$	中度富营养
$TLI(\sum) > 70$	重度富营养

在同一营养状态下，指数值越高，其营养程度越高。

纳帕海湿地水体营养状况见表 2-5，在所监测的 22 个测试点(23~27 号测试点数据缺失)中有 10 个测试点营养水平均达到轻度富营养，分别为 6、7、8、10、11、12、13、14、15、21 号测试点，其他监测点的营养水平为中营养。纳帕海全湖水体的综合营养指数平均值为 48.5，处于中营养水平。

表 2-5　纳帕海湿地水体营养状况评价

样点号	综合营养状态指数	营养等级	样点号	综合营养状态指数	营养等级
1	45.1	中营养	12	51.1	轻度富营养
2	43.3	中营养	13	50.2	轻度富营养
3	45.4	中营养	14	50.8	轻度富营养
4	41.8	中营养	15	50.7	轻度富营养
5	45.4	中营养	16	48.8	中营养
6	53	轻度富营养	17	44.7	中营养
7	53.9	轻度富营养	18	45.3	中营养
8	50	轻度富营养	19	47.4	中营养
9	49.2	中营养	20	47.7	中营养
10	50	轻度富营养	21	55.4	轻度富营养
11	50.5	轻度富营养	22	47.6	中营养

综上所述，纳帕海国际重要湿地水源补给主要来源于天然降水，包括降雨与冰雪融水及地下水的补给，水文周期变化规律，但降水汇成溪流(纳赤河)的水源补给情况受到河道整治的影响，湿地内水源补给减少，旱化加剧。同时，环湖公路的建设阻断

了湿地与汇水面山之间的水文联系，使得地表径流汇水减少，旱化加剧。

纳帕海国际重要湿地 27 个监测点的水质监测结果表明，纳帕海全湖水体总氮和氨氮未超过地表水水质Ⅲ类标准，高锰酸盐指数、化学需氧量和五日生化需氧量均未超过地表水水质Ⅳ类标准，总磷超过地表水水质Ⅴ类标准，水环境质量呈现恶化趋势。纳帕海全湖水体的综合营养指数平均值为 48.5，处于中营养水平。

香格里拉市的生活和生产污水在未经任何处理的情形下，直接排放到龙潭河和纳赤河。而纳帕海国际重要湿地是发育在中甸高原面上的断陷湖泊，地势较低，是周围多条河流的汇集点，也是流域排泄的出口。因此，流域内的龙潭河和纳赤河最终汇入纳帕海，对纳帕海水体造成污染。

2.4 纳帕海湿地土壤环境状况

2.4.1 纳帕海湿地土壤类型

纳帕海湿地土壤类型有沼泽土、草甸沼泽土、草甸土、泥炭土几种类型。湿地区土壤较肥沃。湿地区土壤活性有机碳含量表现为：泥炭土>沼泽土>草甸沼泽土>草甸土，活性有机碳占总有机碳比例表现为：草甸土>草甸沼泽土>沼泽土。纳帕海湿地处于不同水分梯度上的典型沼泽(沼泽土)、沼泽化草甸(草甸沼泽土)、草甸(草甸土)景观如图 2-11 所示。沼泽、沼泽化草甸和草甸湿地土壤环境的基本情况见表 2-6。

（a）沼 泽	（b）沼泽化草甸	（c）草 甸

图 2-11 纳帕海不同类型湿地景观

表 2-6 纳帕海湿地不同土壤类型环境特征

样地	优势物种	水文状况	土壤类型
沼泽	杉叶藻(*Hippuris vulgaris*)、菱草(*Zizania caduciflora*)、水葱(*Scirpustaberna montani*)、水蓼(*Polygonum hydropiper*)等	常年积水	沼泽土
沼泽化草甸	无翅薹草(*Carex pleistoguna*)、华扁穗草(*Blysmus sinocomopressus*)、云雾薹草(*Carex nubigena*)、发草(*Deschamps caespitosa*)、矮地榆(*Sanguisorba filiformis*)等	季节性积水	草甸沼泽土

（续）

样地	优势物种	水文状况	土壤类型
草甸	鹅绒萎陵菜(*Potentilla anserine*)、斑唇马先蒿(*P. longiflora* var. *tubiformis*)、车前(*Plantago asiatica*)、牡蒿(*Artemisia japonica*)、高山紫苑(*Aster tataricus*)、蒲公英(*Taraxacum mongolicum*)、肉果草(*Lancea tibetica*)等	地表无积水，地下水位埋藏较深	草甸土

2.4.2　纳帕海湿地土壤剖面特征

纳帕海湿地典型沼泽、沼泽化草甸和草甸土壤剖面特征如图 2-12 所示。沼泽土表面常年积水，表层覆盖少量枯落物，表层土壤主要为淤泥质，根系主要分布在 0～20cm 土层，有明显潜育层分布。草甸沼泽土地表季节性积水，表层覆盖大量枯落物，表层土壤有机质含量高，呈黑褐色，根系主要分布在 0～40cm，有明显潜育层分布，土质较黏。草甸土地表无积水，表层枯落物很少，根系主要分布在 0～20cm 土层，土质松散。

（a）沼泽土　　　　　　　（b）草甸沼泽土　　　　　　　（c）草甸土

图 2-12　土壤剖面特征

2.4.3　湿地土壤理化性质

（1）土壤温度

纳帕海湿地沼泽、沼泽化草甸和草甸土壤温度特征见表 2-7。沼泽湿地和沼泽化草甸土壤温度均表现为：5cm>10cm>15cm；而草甸土壤温度表现为：15cm>10cm>5cm。5cm、10cm 和 15cm 土层沼泽、沼泽化草甸和草甸土壤温度均表现为沼泽化草甸土壤最高，沼泽土壤温度其次，草甸土壤温度最低。

表 2-7　纳帕海湿地土壤温度特征

参数	沼泽			沼泽化草甸			草甸		
深度（cm）	5	10	15	5	10	15	5	10	15
温度（℃）	21.6	20.13	17.97	24.93	22.8	17.97	16.13	17.1	17.13

（2）土壤容重分布特征

沼泽、沼泽化草甸和草甸土壤 0~80cm 容重差异显著，80~100cm 容重没有显著差异（图 2-13）。沼泽和沼泽化草甸湿地土壤容重差异不大，0~40cm 容重较低在 0.294~0.716g/cm³，40~80cm 容重迅速增加到 0.942g/cm³ 以上，80cm 以下稳定在 1.3~1.5g/cm³ 之间。0~60cm 草甸土壤容重明显高于沼泽和沼泽化草甸，0~40cm 容重在 1.362~1.648g/cm³，40~80cm 容重迅速降低到 1.136g/cm³，80cm 以下稳定在 1.386g/cm³。

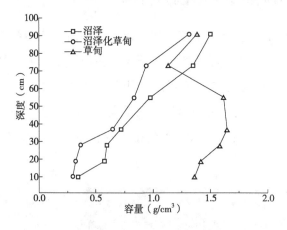

图 2-13 纳帕海湿地土壤容重随剖面深度变化特征

（3）土壤含水量特征

纳帕海湿地沼泽、沼泽化草甸和草甸土壤含水率见表 2-8。沼泽化草甸土壤含水率最高，沼泽土壤含水率其次，草甸土壤含水率最低。沼泽和沼泽化草甸土壤含水率均表现为：0~10cm>20~30cm>10~20cm>30~40cm，而草甸土壤含水率随着土壤深度增加而降低。

表 2-8 纳帕海湿地土壤含水率特征

单位：%

土层（cm）	沼　泽	沼泽化草甸	草　甸
0~10	56.36	69.22	11.39
10~20	48.74	57.26	10.47
20~30	50.09	60.47	7.54
30~40	41.19	42.12	6.38

（4）土壤有机质含量特征

纳帕海湿地土壤有机质含量特征见表 2-9。沼泽化草甸土壤有机质含量均最高，沼泽湿地土壤有机质含量次之，草甸土壤有机质含量最低。沼泽土壤、沼泽化草甸土壤和草甸土壤有机质含量均表现为 10~20cm 土层最高，80~100cm 土层最低。沼泽和草甸土壤有机质主要集中于 0~20cm 土层，沼泽化草甸土壤有机质主要集中于 0~40cm。

表 2-9　纳帕海湿地土壤有机质含量特征

单位：g/kg

土层(cm)	沼　泽	沼泽化草甸	草　甸
0~10	153.93	360.53	54.53
10~20	154.74	441.64	56.98
20~30	98.82	318.13	39.42
30~40	90.28	110.03	31.24
40~60	79.18	77.00	34.69
60~80	47.03	69.63	33.42
80~100	43.83	43.39	27.46

2.4.4　纳帕海湿地土壤特征分析

纳帕海湿地沼泽、沼泽化草甸和草甸土壤剖面特征和土壤理化性质存在显著差异。沼泽和沼泽化草甸湿地土壤容重较小、含水量较高、土壤通气性差、有机质含量高，而草甸土壤容重较大，含水量较低，土壤通气性好，有机质含量低。纳帕海湿地中沼泽化草甸土壤是主要的碳、氮储库。1m 深度以内沼泽化草甸土壤储存的碳分别是沼泽土壤和草甸土壤的 1.27 和 1.64 倍；储存的氮分别是沼泽和草甸土壤的 1.11 和 1.44 倍。

2.4.5　纳帕海湿地碳储量估算

2.4.5.1　碳储量监测方法

根据实地勘察，探明纳帕海国际重要湿地内有泥炭累积的 2 个两个区域位于哈木谷神湖区和依拉草原区，分别对这两个区域进行土壤碳储量估算(图 2-14)。

2016 年 6 月份，在哈木谷神湖地区和依拉草原区进行泥炭监测。土样采集采用随机布点法，用定深泥炭钻测定泥炭深度，取多点土样混合带回实验室用于土壤有机碳含量的测定，同时取环刀用于土壤容重测定。在哈木谷神湖地区，按照 0~20cm、0~40cm、60~80cm、80~100cm、100~120cm、120~140cm、140~160cm、160~180cm、180~200cm，200~220cm、220~240cm、240~260cm、260~280cm、280~

图 2-14　纳帕海湿地泥炭分布区

300cm 厚度分层采取土样，依拉草原区按照：0～20cm、20～40cm、40～60cm、60～80cm 厚度分层采取土样。采取的土壤样品装袋后拿回实验室在室内自然风干后提出杂物，土壤样品均匀混合后采用四分法取样，研磨过 0.25mm 筛装入自封袋备用。所有土壤样品的总碳含量用 TOC 法测定。

土壤碳储量估算：土壤碳密度和单位面积一定深度范围内土壤碳储量的计算公式为：

$$C_i = D_i\omega_c \; ; \; T_c = \sum_{i=1}^{n}(C_i \times d_i) \times 0.1$$

式中　C_i——碳密度，kg/m^3；

　　　D_i——土壤容重，g/cm^3；

　　　ω_c——土壤碳含量，g/kg；

　　　T_c——单位面积一定深度范围内土壤碳储量，kg/m^2；

　　　d_i——第 i 层土壤的厚度，cm；

　　　n——土壤层。

2.4.5.2　碳储量监测结果

(1)哈木谷神湖区碳储量

经过实地勘察，纳帕海湿地哈木谷神湖区有泥炭分布的范围为 27°48′57.91″N～27°49′47.09″N，99°37′34.77″E～99°38′22.83″E，面积为 88.66hm²(图 2-15)。该区域泥炭分布层大于 3m，本次调查只取到 3m。

图 2-15　纳帕海哈木谷神湖区土壤取样点分布

①土壤碳密度：在 3m 深度内，土壤碳密度最大值为 41.350kg/m³，出现在 0 ~ 20cm，最小值为 26.114kg/m³，出现在 120 ~ 140cm(表 2-10)。

表 2-10 纳帕海哈木谷神湖区不同深度土壤碳密度及碳储量

土层 (cm)	碳含量 (g/kg)	容重 (g/cm³)	面积 (hm²)	碳密度 (kg/m³)	单位面积碳储量 (kg/m²)	碳总储量 (t)
0-20	269.03	0.1537	88.6555	41.350	8.27	7.33×10³
20-40	271.01	0.1237	88.6555	33.524	6.70	5.94×10³
40-60	335.56	0.1466	88.6555	49.193	9.84	8.72×10³
60-80	433.35	0.0752	88.6555	32.588	6.52	5.78×10³
80~100	419.19	0.0868	88.6555	36.386	7.28	6.45×10³
100~120	402.63	0.1016	88.6555	40.907	8.18	7.25×10³
120-140	460.57	0.0567	88.6555	26.114	5.22	4.63×10³
140-160	327.62	0.1115	88.6555	36.530	7.31	6.47×10³
160-180	213.11	0.1604	88.6555	34.183	6.84	6.06×10³
180-200	438.4	0.0956	88.6555	41.911	8.38	7.43×10³
200-220	364.7	0.0835	88.6555	30.452	6.09	5.40×10³
220-240	106.89	0.3862	88.6555	41.281	8.26	7.32×10³
240-260	110.71	0.3449	88.6555	38.184	7.64	6.77×10³
260-280	236.7	0.1697	88.6555	40.168	8.03	7.12×10³
280-300	198.315	0.2245	88.6555	44.522	8.90	7.89×10³

在 0 ~ 40cm 深度内，随土层深度的增加，土壤碳密度减小。土壤碳密度最大值为 41.350kg/m³，出现在 0-20cm，最小值为 33.524kg/m³，出现在 20 ~ 40cm。40 ~ 100cm 深度内，土壤碳密度先减少后递增的趋势。土壤碳密度的最大值是 49.193kg/m³，出现在 40 ~ 60cm，最小值 32.588kg/m³，出现在 60 ~ 80cm。在 1 ~ 2m 深度内，土壤碳密度随着深度的增加先下降到最小后，又随之递增。土壤碳密度最大值为 41.911kg/m³，出现在 180 ~ 200cm，最小值为 26.114kg/m³，出现在 120 ~ 140cm。2 ~ 3m 深度内，随着深度的增加，土壤有机碳密度随之增加。土壤碳密度最大值为 44.522kg/m³，出现在 280 ~ 300cm，最小值为 30.452kg/m³，出现在 200 ~ 220cm。

②土壤碳储量：哈木谷神湖区 0 ~ 40cm 深度内，0 ~ 20cm 和 20 ~ 40cm 土层土壤单位面积碳储量的分别为 8.27kg/m²、6.7kg/m²。0 ~ 20cm 和 20 ~ 40cm 土层土壤碳储量分别为 7.33×10³t、5.94×10³t，0 ~ 40cm 土层的土壤碳储量为 13.28×10³t(表 2-10)。

40 ~ 100cm 深度内，40 ~ 60cm、60 ~ 80cm、80 ~ 100cm 土层单位面积土壤碳储量分

别为 9.84kg/m²、6.52kg/m²、7.28kg/m²，40~60cm、60~80cm、80~100cm 土层土壤碳储量分别为 8.72×10³t、5.78×10³t、6.45×10³t，40~100cm 土层土壤碳储量为 20.95×10³t。

1~2m 深度内，100~120cm、120~140cm、140~160cm、160~180cm、180~200cm 土层土壤单位面积碳储量分别为：8.18kg/m²、5.22kg/m²、7.31kg/m²、6.84kg/m²、8.38kg/m²，100~120cm；120~140cm、140~160cm、160~180cm、180~200cm 土层土壤碳储量分别：7.25×10³t、4.63×10³t、6.48×10³t、6.06×10³t、7.43×10³t，在 1~2m 土层土壤碳储量为 31.85×10³t。

2~3m 深度内，200~220cm、220~240cm、240~260cm、260~280cm、280~300cm 土层土壤单位面积碳储量分别为 6.09kg/m²、8.26kg/m²、7.64kg/m²、8.03kg/m²、8.90kg/m²，200~220cm、220~240cm、240~260cm、260~280cm、280~300cm 土层土壤碳储量分别为 5.40×10³t、7.32×10³t、6.77 t、7.12t、7.89t，2~3m 土层土壤碳储量为 34.51×10³t。

综上，哈木谷神湖区 3m 深度内土壤碳储量为 1.01×10⁵t。

（2）依拉草原区碳储量

经过实地勘察，纳帕海湿地依拉草原区有泥炭分布的范围为 27°51′ 37.03″N~27° 52′ 38.36″ N，99°38′ 48.31″E~99°39′ 38.18″E，面积为 0.57hm²（图 2-16）。该区域泥炭分布小于80cm，本次调查取到80cm。

①土壤碳密度：在 0~80cm 内，土壤碳密度最大值为 46.09kg/m³，出现在 40~ 60cm，最小值为 4.42kg/m³，出现在 60~80cm。

在 0~60cm 深度内，随土层深度的增加，土壤碳密度增大。土壤碳密度最大值为 46.09kg/m³，出现在 40~60cm，最小值为 39.78kg/m³ 出现在 0~20cm。在 40~80cm 深度内，土壤碳密度随着深度的增加急剧下降，土壤碳密度最大值为 46.09kg/m³，出现在 40~60cm，土壤碳密度最小值为 4.42kg/m³（表 2-11）。

表 2-11　纳帕海依拉草原区不同深度土壤碳密度及碳储量

土层 （cm）	有机碳含量 （g/kg）	容重 （g/cm³）	面积 （hm²）	碳密度 （kg/m³）	单位面积 碳储量 （kg/m²）	有机碳 总储量 （t）
0~20	204.84	0.1942	0.57	39.780	7.96	45.35
20~40	87.99	0.4945	0.57	43.511	8.70	49.60
40~60	63.03	0.7313	0.57	46.094	9.22	52.55
60~80	3.55	1.2444	0.57	4.418	0.88	5.04

②土壤碳储量：0~80cm 深度内，0~20cm、20~40cm、40~60cm、60~80cm 土层

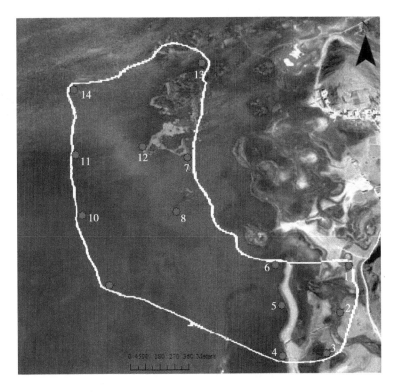

图 2-16　纳帕海依拉草原区土壤取样点分布

土壤单位面积碳储量分别为 7.96kg/m²、8.70kg/m²、9.22kg/m²、0.88kg/m²。依拉草原区 0~20cm、20~40cm、40~60cm、60~80cm 土层土壤碳储量分别为 45.35t、49.60t、52.55t、5.04t，0~80cm 土层的土壤碳储量为 152.54 t。

（3）纳帕海湿地碳储量

纳帕海国际重要湿地哈木谷神湖区的泥炭分布超过 3m，面积为 88.66hm²，本次监测结果显示 3m 内的碳储量为 $1.01×10^5$t。纳帕海国际重要湿地依拉草原区泥炭分布主要在 0~80cm 以内，面积为 0.57hm²，0~80cm 土层的土壤碳储量为 152.54t。综上，纳帕海国际重要湿地泥炭总储量约为 $10.12×10^4$t，哈木谷神湖区为主要碳贮存区。

2.5　纳帕海湿地植物

2.5.1　植被覆盖

此次测算植被类型不包括水生植被，仅包含草甸、沼泽化草甸和草甸等。经现地调查和卫星影像解译，2016 纳帕海国际重要湿地区域的植被覆盖面积为 1689.68hm²，覆盖率为 81.1%。湿地范围内均为自然植被。

2.5.2 植被类型

根据 2016 年两次调查监测的结果，纳帕海国际重要湿地植被类型主要有 4 种植被型和 9 种群落类型(表 2-12)。其中沼泽、沼泽化草甸、水生植被所占面积最大，草甸出现在边缘水分较少的区域。与过去多年的干旱相比，2015 年至今，纳帕海保持高水位运行，平地的草甸逐渐演变成沼泽化草甸和沼泽。水面面积不断增大，水生植被所占面积也有所增加。

表 2-12　纳帕海湿地植被分类表

植被类型	群　落
Ⅰ草甸	①莎草—禾草群落
	②杂草群落
Ⅱ沼泽化草甸	③莎草—禾草—杂草群落
Ⅲ沼泽	④眼子菜—水毛茛群落
	⑤莎草—禾草群落
Ⅳ水生植被	⑥水葱群落
	⑦眼子菜群落
	⑧水毛茛群落
	⑨杉叶藻群落

(1) Ⅰ草甸

该种植被类型是从水生、湿生向旱生转变的类型，因此，双子叶植物和其他适应旱生的类群在此发育。

①莎草—禾草群落：该群落类型出现环湖路附近，地势较高且水分相对较少的区域，代表一定的旱生性质。群落中包含莎草科薹草属、嵩草属，禾本科早熟禾(*Poa annua*)、歧颖剪股颖(*Agrostis inaequiglumis* var. *nana*)、细弱剪股颖(*Agrostis tenuis*)、看麦娘(*Alopecurus aequalis*)、无芒雀麦(*Bromus inermis*)、假枝雀麦(*Bromus pesudoramosus*)、沿沟草(*Catabrosa quatica*)、假花鳞草(*Roegneria anthosachnoides*)、狗尾草(*Setaria viridis*)、中华沙蚕(*Tripogon chinensis*)等。群落中还会伴生有肉果草(*Lancia tibetica*)、偏花报春(*Primula secundiflora*)，唇形科的齿仓筋骨草(*Ajuga wpulina*)、青兰属(*Dracocephalum*)、香薷属(*Elsholtzia*)、荆芥属(*Nepeta*)、夏枯草属(*Prunella*)、鼠尾草属(*Salvia*)等，龙胆属(*Gentianna*)、漆姑草属(*Sagina*)，毛茛科各属均是该类型的植物群落的组成部分。

该类群落的组成和外貌特征根据自然条件和人为干扰的不同各有差别，主要表现在耐旱生的嵩草属植物的含量和盖度上。以益司以西的样地为例，这里的人为干扰较为严重，旅游、放牧的踩踏已经导致草甸草原严重退化，干旱化和沙化现象较为明显，样地内植被盖度很低，耐旱莎草科、禾本科植物含量增加，湿地植物种类几乎消失，小区域景观与周边保护地迥异。

②杂草群落：该群落主要出现在靠近沼泽化草甸的区域，这些区域内土壤的水分含量适中，也是该区域放牧等土地利用活动较为集中的区域。群落外貌结构受水分和干扰强度的影响，逐渐形成禾草莎草类草甸向双子叶植物含量更高的五花杂草草甸过度的序列。物种组成主要包括：青蒿（*Artemisia carvifolia*）、倒提壶（*Cynoglossum amabile*）、毛蕊花（*Verbascum thapsus*）匍匐风轮菜（*Clinopodium repens*）、獐牙菜（*Swertia bimaculata*）、尼泊尔酸模（*Rumex nepalensis*）、牛蒡（*Arctium lappa*）、香薷属（*Elsholtzia* spp.）、蒲公英（*Taraxacum mongolicum*）、车前（*Plantago asiatica*）、堇菜（*Viola*）、肉果草、老鹳草（*Geranium*）、嵩草属（*Kobresia* spp.）、委陵菜（*Potentilla*）、蓼属（*Polygonum* spp.）、狗尾草（*Setaria yunnanensis*）、点地梅（*Androsace*）、龙胆（*Gentiana*）、漆姑草等。

该类群落靠近沼泽草甸的区域土质松软，有时含有较多的泥炭，是藏香猪经常光顾的区域，因此，此类草原的外貌也与猪拱强度联系，有较大差别。猪拱强度较高的区域，虽然土壤湿润，但是植被覆盖度极低，甚至形成裸地。翻拱之后的地面会被蓼属等双子叶植物迅速占领，形成新的杂草型草原的先导群落。此时湿地标志的莎草、禾草类植物几乎全部消失。

此类群落所占面积变化较为显著，伴随着牲畜翻拱而不断发生变化。但是值得注意的，在演化过程中毛茛科、大戟科等有毒植物会倾向于成为新生成杂草草甸的主要组成物种，虽然在景观上形成美丽的花海，但是却让草甸的功能逐渐丧失。

（2）Ⅱ沼泽化草甸

沼泽化草甸仍然是该区域的主要植被类型，分布范围最广。沼泽化草甸在本区的群落组成较为简单，只包含一种群落，即莎草—禾草—杂草群落。

莎草—禾草—杂草群落类型在本区较为稳定，但是受到放牧等人类活动干扰也有动态变化。其主要的组成物种包括：莎草科薹草属、莎草属、嵩草属，禾本科早熟禾、蔷薇科矮地榆、委陵菜，石竹科漆姑草，十字花科葶苈菜属、独行菜属，沼生的马先蒿等类群。由此可见，该植被类型植物物种组成的湿地属性较为显著。

该类植被的覆盖度一般较高，普遍在80%以上，除少数水洼、河沟之外，几乎全部覆盖植被。但是纳帕海地区最脆弱，容易受到威胁的也是这一类湿地植被类型。人为活动（旅游、放牧等）多发生在此类植被类型上。踩踏导致土壤孔隙减少，涵养水源的能力下降；牲畜啃食、翻拱直接导致生物量无法积累，植被有性生殖世代交替无法实现，同时翻拱还会导致植被根部裸露，脱水死亡。

此类植被类型同时受到水位上升的影响，自2015年以来，纳帕海来水增多，水位上升,部分沼泽化草甸转化成了沼泽和浅水区域,沼泽化草甸的面积进一步缩小。因此,应该着重保护此类植被类型,防止因人为干扰导致其向草甸草原和荒漠转变。

(3)Ⅲ沼泽

纳帕海的沼泽植被发育也很广泛,主要分布在纳帕海入湖河流末端、纳帕海水陆交汇处,突出特点是土壤水分饱和。

①眼子菜—水毛茛群落:此类群落多分布在湖岸的水陆交互带,水分饱和,水深一般不超过5cm,浮叶眼子菜、篦齿眼子菜和水毛茛分布其中,总盖度从20%~60%不等。该群落类型可能来自于浅水水生群落向陆生演化的过程,但眼子菜、水毛茛等水生性质的植物类群暂未有显著的衰退迹象。西南毛茛、水葱等沼泽植物开始发育,群落形态开始发生转变。

②莎草—禾草群落:沼泽中占比最大的是莎草—禾草群落,组成成分比较简单,以莎草科薹草属、莎草属,禾本科早熟禾、看麦娘为主。伴生种包括报春、水毛茛、西南毛茛等,群落总体覆盖率一般在40%~70%之间,无裸露土地,空白部分为浅水覆盖。该群落类型较为稳定,物种组成体现云南高原沼泽湿地植被类型,由于长时间浸泡,受到的人为干扰也较少,总体来说属于健康状态。

(4)Ⅳ水生植被

水生植被在本区分布在常年积水的湖泊本体、河沟,以及季节性流水的河沟和季节性积水的深水沼泽中。其中,季节性流水、积水的河沟深水沼泽往往生长水葱、荸荠等挺水植物,也有水毛茛等露出水面生长。

①水葱群落:水葱群落在纳帕海零散分布在沼泽向深水区域的过渡地带,静水水洼、沟渠等地,或形成单一优势的纯群落,或与少量沉水、浮叶植物共生组成群落。水葱的生长期较晚,一般在6月份萌动,因此在这个季节无法观察到典型的水葱群落。但盛夏之后,水葱群落繁茂,高大,下层的共生物种略有减少。常见伴生物中有眼子菜、水毛茛、荸荠、穗状狐尾藻,如在静水水洼,还有浮萍等漂浮植物伴生其中。在纳帕海东岸,水葱群落中还常见水苦荬等能够耐受淹水的沼泽植物。

②眼子菜群落:眼子菜群落是高原湿地水生生境的代表性群落。该区域最大的眼子菜群落分布区位于纳帕海北部落水洞一侧的湖区内。由于纳帕海地处高原,水温常年不高,透明度很高,因此,眼子菜群落在此得以充分发展。不同种类眼子菜在此混生,形成大规模的杂生群落,总体盖度最高可达80%。穗状狐尾藻也是该种群落的重要组成部分,但数量不多。纳帕海沿岸的水沟中也生长有眼子菜群落,其中纳帕海以东的积水水洼和沟渠中最为典型,优势物种是浮叶眼子菜,柔花眼子菜(*Stuckenia* pectinata）也分布其间，形成共生群落。眼子菜群落在本区也表现出一定的多样性，主要表现在物种组成上。但其共同特点是主要集中在静水水面，流水、河曲内分布较少。本区较高的水体透明度是促使眼子菜群落发育发展的重要原因。另外，如此茂盛的眼子菜群落可能预示着该区域水体发生富营养化进程。

③水毛茛群落：水毛茛群落在纳帕海地区主要分布在周边流动的河曲之中。共生物种较少，仅少量水葱杂生于水岸附近的泥质基质之上，水毛茛在这些水体内形成单种优势群落，盖度常超过30%。水毛茛生活的水体温度较湖水更低，对水质要求也更高。因此，多见于纳帕海西岸的河曲之中。纳帕海东岸的入湖河沟中也有发现，但是水毛茛在其他沼泽植物之间杂生，已经无法建立优势群落，成为沼泽群落的组成成分。

④杉叶藻群落：杉叶藻群落在本区的分布独具特色。杉叶藻小群丛可以分布在退化的沼泽化草甸之中，即使没有水，也依然长成较密集的群落。似乎脱离了其水生植物的生态习性。但是无水的杉叶藻群落未见开花。该群落最主要的分布区位于环湖水的沼泽、浅水区域，多形成单种优势群落，密集分布在沼泽、水体中。水生的杉叶藻群落在六月份集中进入花期，表现出极强的生命力和繁殖力。穗状狐尾藻可在不浅于40cm的水体中与之共生，但种群数量较少，与香格里拉地区其他静水水体中穗状狐尾藻的分布模式相区别。

2.5.3　物种多样性

根据2016年6、8月两次实地调查、采集和历史资料，纳帕海国际重要湿地目前记录维管植物共52科145属228种（附录1）。其中，陆生植物159种，湿地植物（含沼泽草甸、沼泽、水生植物等）69种。纳纳海国际重要湿地是我国生物多样性较为丰富和集中的地区，其中，面山针叶林、高山灌丛、草甸、沼泽草甸、水生植被是本区域的植被的基本组成成分。

2.5.4　植物入侵

国际重要湿地范围内暂未发现明显的外来入侵植物生长。但依然面临着植物入侵的压力。与纳帕海国际重要湿地毗邻的区域内常见的外来植物有鬼针草（*Bidens pilosa*）、一年蓬（*Erigeron annuus*）、圆叶牵牛（*Ipomoea purpurea*）、土荆芥（*Dysphania ambrosioides*）、野燕麦（*Avena fatua*）。鬼针草、一年蓬原产于新世界温带，尤其是北美地区。这些物种已经在全球温带地区广泛分布，在本区仅分布在农田、房前屋后等地，湿地、面山林地中未发现。这些物种在纳帕海地区并未造成大规模入侵危害，其生长繁殖基本处于可控和平衡的状态。圆叶牵牛、土荆芥、野燕麦在本区分布较广，主要分布在人为活动较为密集的地区，暂无大规模危害。

2.6 纳帕海湿地动物

2.6.1 鸟类

2.6.1.1 物种数量

本次野外调查共观察到水鸟 35 种，隶属 10 目 12 科 19 属（附录 2），共记数量 16791 只次，优势种为骨顶鸡（*Fulica atra*）、斑头雁（*Anser indicus*）、赤麻鸭（*Tadorna ferruginea*）、红头潜鸭（*Aythya ferina*）、绿头鸭（*Anas platyrhynchos*）等，分别占到总数量的 37.3%、20.5%、12.5%、6.9%、6.2%（图 2-17）；常见种为赤膀鸭（*Anas strepera*）、普通秋沙鸭（*Mergus merganser*）、红嘴鸥（*Larus ridibundus*）、普通鸬鹚（*Phalacrocorax carbo*）、赤嘴潜鸭（*Rhodonessa rufina*）等。水鸟调查样点位置对照见表 2-13。

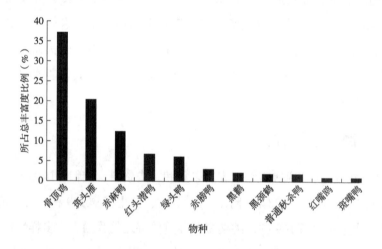

图 2-17　纳帕海丰富度位居前 11 位的水鸟物种及其所占总丰富度比例

表 2-13　纳帕海湿地水鸟调查样点位置对照表

样点号	地点	东经	北纬	海拔(m)
1	吓学	27.84979	99.66321	3289
2	康机	27.83443	99.65887	3272
3	依拉	27.87251	99.65806	3270
4	春宗	27.88546	99.65398	3274
5	保护所	27.89272	99.65049	3272
6	腊浪	27.89584	99.63869	3270
7	塔村	27.89350	99.62630	3267
8	纳帕村	27.88363	99.62664	3267
9	纳帕村中段	27.87206	99.62562	3264

（续）

样点号	地点	东经	北纬	海拔（m）
10	耳朵	27.86157	99.63401	3275
11	海景房	27.85426	99.63617	3264
12	角茸	27.83865	99.63520	3263
13	哈木谷	27.82665	99.63968	3265

记录的鸟类中，属于国家 I 级保护的有 3 种：黑颈鹤（*Grus nigricollis*）、黑鹳（*Ciconia nigra*）、白尾海雕（*Haliaeetus albicilla*）；国家 II 级保护的有 1 种：灰鹤（*Grus grus*）。其中黑颈鹤记录到 311 只、黑鹳 350 只、白尾海雕 18 只、灰鹤 5 只。黑颈鹤与往年比较种群数量基本持平，比较稳定。黑鹳种群数量较往年有所增加。

2.6.1.2　居留类型及区系组成

从居留类型来看，纳帕海水鸟有繁殖鸟 7 种（夏候鸟 1 种，留鸟 6 种），占总物种数的 20%，非繁殖鸟 27 种（冬候鸟 26 种，旅鸟 1 种），占 77.14%。可见纳帕海鸟类以冬候鸟为主，其次为留鸟，夏候鸟与旅鸟各有 1 种。其中，绿头鸭与凤头在纳帕海夏季虽观察到有少量个体繁殖，但整体仍是呈现冬候鸟的特点，所以居留类型仍列为冬候鸟。从鸟类居留类型来看，纳帕海是水鸟越冬与迁徙途中一个重要的栖息地。

参照张荣祖（2011）对我国动物分布型的划分，纳帕海 35 种鸟类中古北界共有 26 种，占 74.29%；广布种有 9 种，占 25.71%，充分显示出该区域的鸟类组成成分富于古北界特征。

2.6.1.3　空间分布

本次在纳帕海的 13 个调查点共记录到鸟类 16791 只次。结果显示，依拉、保护所、纳帕村中段、春宗、耳朵、腊浪、海景房等区域鸟类数量较多，分别占总数量的13.5%、12.9%、11.0%、10.4%、8.6%、8.6%、8.0%。从鸟种多样性来看，在记录到的 35 个鸟种中，腊浪、海景房、吓学、耳朵、保护所、纳帕村中段等区域鸟类种类较多，分别占到总鸟种数的 34.6%、11.1%、9.9%、7.6%、6.8%、6.4%。

调查中发现，由于水域面积的原因，纳帕海中北部是雁鸭类密度较大的场所，特别是在依拉、春宗、保护所、腊浪、纳帕村等区域。南部水鸟密度较小，在明水面较少的湿地与距离村庄较近的草甸多为斑头雁、赤麻鸭在觅食。在纳帕海南边的康机、吓学村是绝大多数黑颈鹤和黑鹳的夜栖地，同时，也有少量黑颈鹤在哈木谷夜栖。

2.6.1.4　常见及保护鸟种

此次调查本地区共发现水鸟 35 种，属于国家 I 级保护的有 3 种：黑颈鹤（*Grus nigricollis*）、黑鹳（*Ciconia nigra*）、白尾海雕（*Haliaeetus albicilla*）；国家 II 级保护的有 1 种：灰鹤（*Grus grus*）。常见的鸟种有骨顶鸡 *Fulica atra*）、斑头雁（*Anser indicus*）、赤麻

鸭(*Tadorna ferruginea*)、红头潜鸭(*Aythya ferina*)、绿头鸭(*Anas platyrhynchos*)、赤膀鸭(*Anas strepera*)、普通秋沙鸭(*Mergus merganser*)、(红嘴鸥(*Larus ridibundus*)、普通鸬鹚(*Phalacrocorax carbo*)、赤嘴潜鸭(*Rhodonessa rufina*)等。

图 2-18　黑颈鹤

(1)黑颈鹤(*Grus nigricollis*)

描述：体高 150cm 的偏灰色鹤。头、喉及整个颈黑色，仅眼下、眼后具白色块斑，裸露的眼先及头顶红色，尾、初级飞羽及形长的三级飞羽黑色(图 2-18)。虹膜黄色，嘴角质灰色/绿色，近嘴端处多些黄色；脚黑色。

叫声：一连串的号角声。

分布范围：繁殖于西藏高原；越冬在不丹、印度东北部、中国西南部及印度支那北部。

习性：飞行如其他鹤，颈伸直，呈"V"字编队，有时成对飞行。

(2)黑鹳(*Ciconia nigra*)

描述：体高 100cm 的黑色鹳。下胸、腹部及尾下白色，嘴及腿红色。黑色部位具绿色和紫色的光泽。飞行时翼下黑色，仅三级飞羽及次级飞羽内侧白色，眼周裸露皮肤红色(图 2-19)。亚成鸟上体褐色，下体白色。虹膜褐色，嘴红色，脚红色。

叫声：繁殖期发出悦耳喉音。

分布范围：欧洲至中国北方；越冬至印度及非洲。

习性：栖于沼泽地区、池塘、湖泊、河流沿岸及河口。性惧人，冬季有时结小群活动。

(3)白尾海雕(*Haliaeetus albicilla*)

描述：体高 85cm 的褐色海雕。特征为头及胸浅褐，嘴黄而尾白。翼下近黑的飞羽与深栗色的翼下成对比；嘴大，尾短呈楔形。飞行似鹫，与玉带海雕的区别在尾全白(图 2-20)。幼鸟胸具矛尖状羽，但不成翎颌，如玉带海雕。体羽褐色，不同年龄具不规则锈色或白色点斑。虹膜-黄色；嘴及蜡膜黄色；脚黄色。

叫声：响亮的吠声 klee klee-klee-klee，似小狗或黑啄木鸟叫声。

分布范围：格陵兰、欧洲、亚洲北部、中国及日本至印度。全球性近危(Collar et al.，1994)。指名亚种为不常见季候鸟，见于华中及华东的多种栖息环境如河边、湖泊周围及沿海。繁殖于内蒙古东北部呼伦池周围，可能在中国东北的其他地区还有繁殖。有越冬在贵州草海、南西北部及江西鄱阳湖的记录，近年来北京附近每年有少量越冬个体出现。

图 2-19 黑鹳

图 2-20 白尾海雕

习性：显得懒散，蹲立不动达几个小时。飞行时振翅甚缓慢。高空翱翔时两翼弯曲略向上扬。

（4）灰鹤（*Grus grus*）

描述：体型中等（125cm）的灰色鹤。前顶冠黑色，中心红色，头及颈深青灰色。自眼后有一道宽的白色条纹伸至颈背。体羽余部灰色，背部及长而密的三级飞羽略带褐色（图 2-21）。虹膜褐色，嘴污绿色，嘴端偏黄，脚黑色。

叫声：配偶的二重唱为清亮持久的 kaw-kaw-kaw 号角声。迁徙时成大群，发出的号角声如 krraw。

图 2-21 灰鹤

分布范围：繁殖于中国的东北及西北。冬季南移至中国南部及印度支那。喜湿地、沼泽地及浅湖。越来越稀少。

习性：迁徙时停歇和取食于农耕地。作高跳跃的求偶舞姿。飞行时颈伸直，呈"V"字编队。

（5）骨顶鸡（*Fulica atra*）

描述：体高 40cm 的黑色水鸡。具显眼的白色嘴及额甲。整个体羽深黑灰色，仅飞行时可见翼上狭窄近白色后缘（图 2-22）。虹膜红色，嘴白色，脚灰绿。

叫声：多种响亮叫声及尖厉的 kik-kik。

分布范围：古北界、中东、印度次大陆。北方鸟南迁至非洲、东南亚及菲律宾越冬；鲜至印度尼西亚。也见于新几内亚、澳大利亚及新西兰。亚种 atra 为中国北方湖泊及溪流的常见繁殖鸟。大量的鸟至北纬 32°以南越冬。

习性：强栖水性和群栖性；常潜入水中在湖底找食水草。繁殖期相互争斗追打。起飞前在水面上长距离助跑。

（6）斑头雁（*Anser indicus*）

描述：体型略小（70cm）的雁。顶白而头后有两道黑色条纹为本种特征。喉部白色延伸至颈侧。头部黑色图案在幼鸟时为浅灰色（图2-23）。飞行中上体均为浅色，仅翼部狭窄的后缘色暗。下体多为白色。虹膜褐色，嘴鹅黄，嘴尖黑，脚橙黄。

图2-22　骨顶鸡　　　　　　　　　　　　图2-23　斑头雁

叫声：飞行时为典型雁叫，声音为低沉鼻音。

分布范围：繁殖于亚洲中部，在印度北部及缅甸越冬。繁殖于中国极北部及青海、西藏的沼泽及高原泥淖，冬季迁移至中国中部及西藏南部。

习性：耐寒冷荒漠碱湖的雁类。越冬于淡水湖泊。

（7）赤麻鸭（*Tadorna ferruginea*）

描述：体大（63cm）橙栗色鸭类。头皮黄。外形似雁。雄鸟夏季有狭窄的黑色领圈（图2-24）。飞行时白色的翅上覆羽及铜绿色翼镜明显可见。嘴和腿黑色。虹膜褐色，嘴近黑色，脚黑色。

叫声：声似aakh的啭音低鸣，有时为重复的pok-pok-pok-pok。雌鸟叫声较雄鸟更为深沉。

分布范围：东南欧及亚洲中部，越冬于印度和中国南方。耐寒，广泛繁殖于中国东北和西北，及至青藏高原海拔4600m，迁至中国中部和南部越冬。

习性：筑巢于近溪流、湖泊的洞穴。多见于内地湖泊及河流。极少到沿海。

（8）红头潜鸭（*Aythya ferina*）

描述：中等体型（46cm）、外观漂亮的鸭类。栗红色的头部与亮灰色的嘴和黑色的胸部及上背成对比（图2-25）。腰黑色但背及两胁显灰色。近看为白色带黑色蠕虫状细纹。飞行时翼上的灰色条带与其余较深色部位对比不明显。雌鸟背灰色，头、胸及尾近褐色，眼周皮黄色。虹膜雄鸟红而雌鸟褐，嘴灰色而端黑，脚灰色。

叫声：雄鸟发出喘息似的二哨音。雌鸟受惊时发出粗哑的 krrr 大叫。

分布范围：西欧至中亚，越冬于北非、印度及中国南部。繁殖于中国西北，冬季迁至华东及华南。

习性：栖于有茂密水生植被的池塘及湖泊。

图 2-24　赤麻鸭

图 2-25　红头潜鸭

（9）绿头鸭（*Anas platyrhynchos*）

描述：中等体型（58cm），为家鸭的野型。雄鸟头及颈深绿色带光泽，白色颈环使头与栗色胸隔开。雌鸟褐色斑驳，有深色的贯眼纹（图 2-26）。较雌针尾鸭尾短而钝；较雌赤膀鸭体大且翼上图纹不同。虹膜褐色，嘴黄色，脚橘黄。

叫声：雄鸟为轻柔的 kreep 声；雌鸟似家鸭 quack quack quack 的熟悉叫声。

分布范围：全北区；繁殖于中国西北和东北，越冬于西藏西南及北纬 40°以南的华中、华南、台湾地区。

习性：多见于湖泊、池塘及河口。

（10）赤膀鸭（*Anas strepera*）

描述：雄鸟中等体型（50cm）的灰色鸭。嘴黑，头棕，尾黑，次级飞羽具白斑及腿橘黄为其主要特征（图 2-27）。比绿头鸭稍小，嘴稍细。雌鸟：似雌绿头鸭但头较扁，嘴侧橘黄，腹部及次级飞羽白色。虹膜褐色；嘴繁殖期雄鸟灰色，其他时候橘黄色但中部灰色；脚橘黄。

叫声：除求偶期都不出声。雄鸟发出短 nheck 声及低哨音，雌鸟重复发出比绿头鸭声高的 gag-ag-ag-ag-ag 声。

分布范围：全北界至地中海、北非、印度北部至中国南部及日本南部。温带地区繁殖，南方越冬。赤膀鸭为非常见的季节性候鸟，指名亚种繁殖于中国东北及新疆西部。有记录迁徙时见于中国北方，越冬于中国长江以南大部分地区及西藏南部。

习性：栖于开阔的淡水湖泊及沼泽地带，极少出现于沿海港湾。

图 2-26　绿头鸭

图 2-27　赤膀鸭

（11）赤嘴潜鸭（*Rhodonessa rufina*）

描述：体大（55cm）的皮黄色鸭。繁殖期雄鸟易识别，锈色的头部和橘红色的嘴与黑色前半身成对比（图 2-28）。两胁白色，尾部黑色，翼下羽白，飞羽在飞行时显而易

图 2-28　赤嘴潜鸭

见。雌鸟：褐色，两胁无白色，但脸下、喉及颈侧为白色。额、顶盖及枕部深褐色，眼周色最深。繁殖后雄鸟似雌鸟但嘴为红色。虹膜红褐色；嘴雄鸟橘红，雌鸟黑色带黄色嘴尖；脚-雄鸟粉红，雌鸟灰色。

叫声：相当少声。求偶炫耀时雄鸟发出呼哧呼哧的喘息声，雌鸟作粗喘似叫声。

分布范围：繁殖于东欧及西亚；越冬于地中海、中东、印度及缅甸。地方性常见，为季节性候鸟。繁殖于中国西北，最东可至内蒙古的乌梁素海。冬季散布于华中、东南及西南各处。

习性：栖于有植被或芦苇的湖泊或缓水河流。

2.6.2　鱼类

2.6.2.1　物种多样性

2016 年，在纳帕海共采集到鱼类共计 9 种，分属 4 目 5 科。鲤形目共计 6 种，分别为鲤科的鲫鱼（*Carassius auratus*）、鲤鱼（*Cyprinus carpio*）、草鱼（*Ctenopharyngodon idellus*）、麦穗鱼（*Pseudorasbora parva*）及鳅科的泥鳅（*Misgurnus anguillicaudatus*）、大鳞副泥鳅（*Paramisgurnus dabryanus*）等，占 66.7%。鲇形目共计 1 科 1 种，为鲇（*Silurus* asotus)。鲈形目 1 科 1 种,为小黄黝鱼(*Micropercops swinhonis*)。鳉形目 1 科 1 种,为中华青鳉(*Oryzias sinensis*)。资料所记载的中甸叶须鱼(*Ptychobarbus chungtienensi*)及短须裂腹鱼(*Schizothorax wangchiachii*)未采集到实物标本。如附录 3 所列,迄今为止,纳帕海区域内监测记录到的鱼类物种名录共计 11 种,而现存 9 种,且均为入侵物种。其中,鲤鱼、草鱼、大鳞副泥鳅、鲶及中华青鳉为其入侵鱼类新记录。

2.6.2.2 濒危物种

纳帕海湿地无列入国家重点保护名录及云南省鱼类物种。列入《中国动物红色名录(2016)》物种为中甸叶须鱼、中华青鳉。中甸叶须鱼在纳帕海已经多年无采集记录,由于当前纳帕海水体污染较为严重,水环境并不适合中甸叶须鱼栖息,可以基本确定其在纳帕海区域已经灭绝。中华青鳉数量在纳帕海数量较大,虽然为外来种群,项目组利用分子生态学手段分析显示该种群具有有别于云南其他区域种群的线粒体基因单倍型,由于该地为中华青鳉已知海拔最高的栖息区域,该地种群具有重要的保护生物学研究价值。

2.6.2.3 入侵物种

监测显示在纳帕海湿地现存鱼类均为外来种,鲤鱼、草鱼、大鳞副泥鳅、鲶及中华青鳉为本次监测所发现的入侵鱼类新记录。外来鱼类除不能自然繁殖的草鱼外均为产黏性卵鱼类,一年中在繁殖期内可多次产卵,种群增长迅速,世代更新周期短,能够为鱼食性水鸟提供丰富饵料,这可能是近年来纳帕海鸟类种群增长迅速的一个重要影响因素。

2.6.3 兽类

纳帕海湿地周边地区缺少大中型兽类栖息所需生境。2002 年开展纳帕海保护区综合科学考察,以及 2013 年至今开展的全国第二次陆生野生动物资源调查,纳帕海水域及其附近地区没有观察记录到大中型兽类栖息活动,湖滨带山脚耕地灌丛和村落附近,偶尔观察记录到兽类有豹猫、黄鼬、赤腹松鼠、珀氏长吻松鼠、隐纹花鼠等小兽。2005 年冬季开展水禽观察期间,曾在纳帕海草地上观察到独狼,随后多年监测未再观察到。访问调查获悉有狐狸在山脚地带活动。

通过实地调查,野外观察动物实体、足迹及访问证实,在纳帕海保护区周边有分布的兽类共有 19 种,隶属于 3 目 8 科(附录 4),兽类物种多样性较低。本区兽类物种组成,以东洋种(12 种,63.2%)为主,广布种(6 种,31.6%)次之,古北种少(仅狼 1 种)。

纳帕海保护区的兽类种类相对单调且数量极少,通常可见的是高原兔,赤腹松鼠等一些常见小型兽类,其原因是该保护区主要为高山湖泊湿地类型保护区,坐落在人烟稠密、农耕发达的大中甸坝子,保护区生境单一,全为湖泊沼泽湿地和草甸,对于哺乳动物的承载能力有限，大多数兽类不适应在这样开阔的生境中栖息。保护区偶见狐狸、狼等肉食性兽类活动。在冬季雪天周边森林的兽类因食物缺乏而到草甸中觅食，因此在保护区偶尔能见到这些肉食性兽类出现。

2.6.4　两栖爬行类

纳帕海国际重要湿地以及周边地区栖息分布的两栖爬行类动物共 8 种，隶属 3 目 6 科(表 2-14)。本区两栖爬行类物种组成，以东洋界西南区成分为主(5 种，62.5%)；分布跨东洋界和古北界的种类仅西藏蟾蜍 1 种，属于古北界向东洋界渗透的类型；另外 2 种(多疣壁虎和铜蜓蜥)属于东洋界华中—华南区种类向西南区渗透的类型。两栖动物以西藏蟾蜍较为常见。

纳帕海地区生态条件不利于两栖爬行类存活，一些广泛分布种类在该地区难以见到，两栖爬行类的种类十分匮乏，只有少数适应高原特殊环境的特化种类栖息，比如西藏蟾蜍和高原蝮，是高原特有物种。这些适应特殊环境的物种通常种群数量很低，影响它们存活的干扰主要来自于污染和栖息地的丧失。

表 2-14　纳帕海湿地两栖爬行动物名录

纲、目、科、种名	区系组成			
	青藏区	西南区	华南区	华中区
两栖纲 AMPHIBIA				
Ⅰ. 无尾目(Raniformes)				
1. 蟾蜍科(Bufonidae)				
1)西藏蟾蜍(*Bufo tibetanus*)	+	+		
2)华西蟾蜍(*Bufo andrewsi*)		+		
2. 蛙科(Ranidae)				
3)昭觉林蛙(*Rana chaochiaoensis*)		+		
爬行纲(REPTILIA)				
Ⅱ. 蜥蜴目(Lacertiformes)				
3. 壁虎科(Gekkonidae)				
4)多疣壁虎(*Gekko japonicus*)			+	+
4. 石龙子科(Scincidae)				
5)铜蜓蜥(*Sphenomorphus indicus*)		+	+	+
6)山滑蜥(*Scincella monticola*)		+		
Ⅲ. 蛇目(Serpentiformes)				
5. 游蛇科(Colubridae)				
7)中华斜鳞蛇(*Pseudoxenodon marcrops*)		+		
6. 蝰科(Viperidae)				
8)高原蝮(*Gloydius strauchi*)		+		

2.7 纳帕海湿地栖息生境状况

2.7.1 纳帕海湿地旅游干扰状况

纳帕海国际重要湿地是当地著名旅游景区之一，自 1995 年以来，旅游人数逐年增多，尤其 2008 年以后，随着纳帕海环湖道路的建设，沿线通达情况得到改善，环湖西南沿线的纳帕村、角茸村、哈木谷村、布伦村、丛古村、依拉、达拉、春宗、共比等村落先后开展骑马旅游活动。2014 年，据迪庆藏族自治州旅游局官方发布的旅游统计数据，香格里拉当年接待海内外人数高达 1440 万人次，2015 年上半年已经达到 600.81 万人次，其中约有一半以上游客到纳帕海旅游。

大量的游客主要集中在夏季涌入到纳帕海湿地，对纳帕海湿地生态系统带来严重破坏。由于村民缺乏环境保护意识，经营管理模式落后，骑马旅游活动处于无序状态，开展经营的经营户甚至把各种帐篷与违章建筑深入到湿地深处，游客和马匹的践踏活动对湿地造成一定的破坏，马匹粪便和游人随意丢弃的垃圾加重了纳帕海湿地水环境污染(图 2-29、图 2-30)。

图 2-29　纳帕海湿地骑马旅游　　　　图 2-30　纳帕海湿地内的违章旅游建筑
　　　　(彭建生 摄)　　　　　　　　　　　　(彭建生 摄)

贯穿纳帕海的纳赤河河道整治工程阻断了雨季河水泛滥对纳帕海湿地的水源补给，分割了生物栖息地空间，使生境破碎化加剧，草甸面积不断增加，旱化进程加快，湿地退化萎缩，对鸟类、两栖爬行类生境产生影响(图 2-31、图 2-32)。此外，纳帕海国际重要湿地区周边旅游设施(图 2-33)和社区民居(图 2-34)等建设加速，带来间接生态压力。

2.7.2 纳帕海湿地放牧干扰状况

纳帕海国际重要湿地地处农牧交错带，放牧是当地居民对纳帕海湿地利用的主要方

图 2-31 纳帕海国际重要湿地范围内河道整治工程卫星影像

（a）河道整治前

（b）河道整治后

图 2-32 纳帕海河道整治前后河道形态

图 2-33　纳帕海湿地周边旅游设施建设（胡金明 摄）

图 2-34　纳帕海湿地周边民居建设（彭建生 摄）

式之一。近年来，随着香格里拉经济的迅速发展，促使当地畜牧业发展较快，放牧的强度不断增大，放牧的类型由原来的单一牦牛放牧类型向牛、羊、马、猪等多元放牧类型。

　　纳帕海湿地放牧类型可划分为 3 类：一是放牧过程中牛、马、羊对草甸和沼泽化草甸的践踏，称为践踏型放牧；二是猪在寻找食物过程中对土壤的翻拱，称为扰动型放牧；三是未受放牧干扰的禁牧。本次调查选择践踏型放牧区、干扰型放牧区和禁牧区各 3 个，面积均为 20m×20m。样地的基本情况见表 2-15。

表 2-15　纳帕海湿地放牧干扰调查样地基本情况

样地类型	牲畜种类	土壤特征	植物群落特征
践踏型放牧区	牛、马、羊	土壤表面有践踏痕迹，土壤紧实，无明显破坏	植物群落低矮，优势物种为鹅绒萎陵菜（*Potentilla anserine*）、斑唇马先蒿（*P. longiflora* var. *tubiformis*）等
干扰型放牧区	猪	土壤被翻拱，土壤疏松裸露	植物盖度不足 10%，大量植物根系裸露枯死。优势物种为无翅薹草（*Carex pleistoguna*）、华扁穗草（*Blysmus sinocomopressus*）等
禁牧区	无	无破坏	植被高度在 20~30cm，群落密度高，盖度约 80%。优势物种为鹅绒萎陵菜（*Potentilla anserine*）等

通过对 3 个样地的监测研究发现，干扰型放牧区、践踏型放牧区、禁牧区的土壤容重均随土层深度的增加而增大；0~30cm 深度，禁牧区各土层的土壤容重均小于干扰型放牧区和践踏型放牧区；0~10cm 土层，干扰型放牧区和践踏型放牧区的土壤容重是禁牧区的 3 倍(表 2-16)。0~30cm 深度，禁牧区各土层的土壤含水率均大于干扰型和践踏型放牧区，干扰型放牧区和践踏型放牧区的土壤含水率没有显著差异。0~10cm 土层，禁牧区的土壤呈酸性，而干扰型放牧区和践踏型放牧区的土壤呈中性；10~30cm 土层，禁牧区、干扰型放牧区和践踏型放牧区的土壤酸碱性没有差异。0~10cm 土层，总有机碳含量表现为：禁牧区>践踏型放牧区>干扰型放牧区，禁牧区的总有机碳含量是干扰型放牧区的 2 倍。0~10cm 土层，总氮、总磷和铵态氮含量均表现为：禁牧区>干扰型放牧区>践踏型放牧区，而硝态氮含量则表现为：干扰型放牧区>禁牧区>践踏型放牧区。可见，猪翻拱和牲畜践踏活动改变了土壤的物理化学性质，尤其是土壤表层的理化性质。

图 2-35　家猪放牧对纳帕海的破坏

根据纳帕海湿地周边牲畜量的调查结果，纳帕海湿地周边有牲畜 11443 头，其中，牛、马、猪、羊分别为 4699 头、1740 头、2949 头、2055 头，计算得到纳帕海湿地湖盆区域(沼泽化草甸和草甸)的实际载畜量为 4.58 头(只)/亩。而纳帕海湿地理论载畜量为 1.57 头(只)/亩，超载率 191.72%。

放牧活动对纳帕海的保护造成巨大压力，尤其是家猪的放养拱翻沼泽化草甸找食，对湿地造成的破坏极为严重，影响面积超过 200hm² 放牧对纳帕海湿地的保护造成巨大压力(图 2-35)，尤其是家猪放养拱翻沼泽化草甸找食，对湿地植被、景观及其生态系统造成的破坏极为严重，影响面积超过 3000hm²，约占沼泽化草甸面积的 25%。

表 2-16　不同放牧干扰类型对纳帕海湿地土壤理化性质的影响

样地类型	土层 (cm)	土壤理化性质指标							
		容重 (g/cm³)	含水率 (%)	pH 值	总有机碳 (g/kg)	总氮 (g/kg)	总磷 (g/kg)	铵态氮 (mg/L)	硝态氮 (mg/L)
干扰型放牧区	0~10	0.61±0.11	43.82±5.95	7.43±0.14	70.94±19.41	13±3.02	1.69±0.05	3.29±0.09	2.34±0.99
	10~20	0.66±0.14	45.50±6,.28	7.42±0.10	15.60±2.02	1.69±0.83	—	—	—
	20~30	0.75±0.28	43.54±10.52	7.25±0.16	2.33±0.90	3.78±2.35	—	—	—
践踏型放牧区	0~10	0.62±0.10	43.34±4.88	7.65±0.21	111.63±11.31	11.13±3.31	1.18±0.04	2.89±0.44	1.24±0.58
	10~20	0.75±0.07	38.46±3.99	7.51±0.18	14.21±1.17	5.60±1.17	—	—	—
	20~30	0.92±0.13	33.94±3.51	7.48±0.27	13.72±1.25	1.82±0.55	—	—	—
禁 牧 区	0~10	0.21±0.03	66.31±3.42	6.75±0.28	142.58±40.56	22.67±3.35	1.74±0.02	4.88±0.11	1.78±0.33
	10~20	0.65±0.08	44.67±1.82	7.53±0.14	14.16±2.77	7.94±1.62	—	—	—
	20~30	0.63±0.05	46.90±1.89	7.59±0.01	4.47±0.92	9.51±3.96	—	—	—

第3章

纳帕海湿地碳氮特征研究方案

3.1　纳帕海湿地碳氮特征研究研究内容

3.1.1　研究样地选择

纳帕海湿地是滇西北高原典型的退化湿地，空间上呈现出由沼泽向沼泽化草甸、草甸和垦后湿地退化的演替格局。本研究选取纳帕海湿地处于不同水分梯度上的沼泽、沼泽化草甸、草甸和垦后湿地作为研究对象，对比研究了不同水分梯度上4种类型湿地植物系统、土壤系统、植物—土壤系统中碳氮的积累特征和迁移转化规律。

3.1.2　研究内容设置

（1）纳帕海湿地土壤碳氮积累特征

选取纳帕海湿地处于不同水分梯度上的沼泽、沼泽化草甸、草甸和垦后湿地作为研究对象，采用原位采样技术，对比研究纳帕海湿地不同水分梯度上沼泽、沼泽化草甸、草甸和垦后湿地土壤碳氮含量和储量分布特征，分析碳氮在纳帕海湿地土壤中的积累特征。

（2）纳帕海湿地土壤碳氮迁移转化特征

选取纳帕海湿地处于不同水分梯度上的沼泽、沼泽化草甸、草甸和垦后湿地作为研究对象，通过野外采用和室内分析相结合的方法，研究纳帕海处于不同水分梯度上的沼泽、沼泽化草甸、草甸和垦后湿地土壤碳的积累与释放、氮的矿化和反硝化过程，分析纳帕海湿地土壤碳氮积累与迁移转化规律。

（3）纳帕海湿地植物碳氮特征

选取纳帕海湿地处于不同水分梯度上的沼泽、沼泽化草甸、草甸和垦后湿地作为研究对象，采用收获法和挖掘法，对比研究纳帕海湿地不同水分梯度上沼泽、沼泽化草甸、草甸和垦后湿地植物地上部分、地下部分、枯落物碳氮的分布特征，分析碳氮在纳帕海湿地植物中的积累和分布特征。

(4)纳帕海湿地植物残体分解与碳氮归还特征

选取纳帕海湿地处于不同水分梯度上的沼泽、沼泽化草甸、草甸和垦后湿地作为研究对象，采用分解袋法，通过野外原位投放实验，对比研究纳帕海湿地不同水分梯度上沼泽、沼泽化草甸、草甸和垦后湿地植物残体分解过程及碳氮的分解释放动态，并分析环境因子对纳帕海湿地植物残体分解与碳氮释放的影响，揭示纳帕海湿地植物残体分解与碳氮归还规律。

(5)纳帕海湿地植物—土壤系统碳氮积累与迁移转化特征

选取纳帕海湿地处于不同水分梯度上的沼泽、沼泽化草甸、草甸和垦后湿地作为研究对象，在上述研究基础上，分析纳帕海湿地不同水分梯度上沼泽、沼泽化草甸、草甸和垦后湿地植物—土壤系统碳氮积累与迁移转化规律，揭示气候变化和人类活动对纳帕海湿地碳氮积累与迁移转化规律的影响。

3.2 纳帕海湿地碳氮特征研究研究方法

3.2.1 研究技术路线

本研究以地球系统科学为指导，充分运用地理学、生态学、土壤学、环境科学以及生物地球化学等学科的理论和方法，在野外调查的基础上，采用野外定位观测与室内分析相结合的研究方法来完成本项研究。

选择纳帕海湿地不同水位梯度上的沼泽、沼泽化草甸、草甸和垦后湿地作为研究对象，通过野外调查和资料搜集，充分了解研究区的基本情况，进行实验设计。首先进行野外采样，测定地上和地下生物量和枯落物量；采集枯落物和植物根系，测定枯落物分解速率和根系分解速率；采集植物和土壤样品，进行室内分析，测定植物各器官碳氮含量、土壤样品碳氮含量、枯落物碳氮含量以及枯落物和根系分解残留物的碳氮含量、土壤微生物量碳、土壤可溶性有机碳、土壤重组和轻组有机碳含量、土壤氮矿化和反硝化速率。然后进行数据处理，得到沼泽、沼泽化草甸、草甸和垦后湿地土壤碳氮的分布特征、土壤碳氮迁移转化特征、植物碳氮的积累特征、枯落物的碳氮积累特征以及枯落物和根系碳氮的归还特征，最后通过对比不同水位梯度湿地植物—土壤系统碳氮积累特征和迁移转化规律，阐明纳帕海湿地不同水位梯度湿地植物—土壤系统碳氮循环特征的异同，采用"空间代替时间"的方法，揭示了不同演替阶段湿地植物—土壤系统的碳氮循环特征（图3-1）。

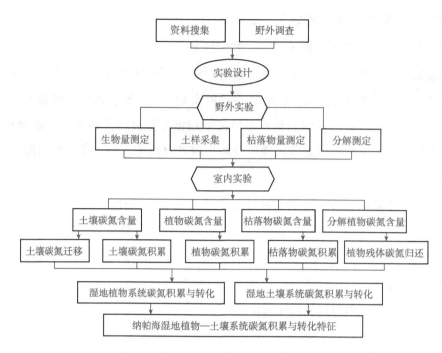

图 3-1　研究技术路线

3.2.2　研究方法

3.2.2.1　生物量测定

采用定位研究方法，按照"典型性、代表性、一致性"的原则，沿水位梯度选择沼泽、沼泽化草甸、草甸和垦后湿地作为研究对象，设置 45m×10m 的样带，贯穿沼泽、沼泽化草甸和草甸。每个湿地内设置 15m×10m 的样地。分别测定沼泽、沼泽化草甸、草甸和垦后湿地的地上、地下生物量以及枯落物产生量。本项研究以测定植物活体的干重来表示生物量。

（1）地上生物量的测定

地上生物量的测定采用收获法，每年 5 月、7 月、9 月、11 月分别取样。采样时，每个样地内随机选取 3~4 个 50cm×50cm 的小样方，用剪刀将样方内的植物齐地面剪下，并用手将地上凋落物捡起，分别装袋带回实验室。植物样品按茎、叶和枯落物分离后置于烘箱中 75℃烘干至恒重，称重。

（2）地下生物量的测定

地下生物量的测定采用挖掘法，其取样与地上生物量同步进行。每个样地内随机选取 2 个地上生物量测定小区进行地下生物量的测定，采样时将样方内 0~30cm 的根全部挖出，然后按 0~10cm，10~20cm 和 20~30cm 分层取样，并将其在细纱网袋中用水冲洗至无泥土为止，去除根系中的半腐解枝叶、种子和虫卵等杂物，置于烘干箱中

75℃烘干至恒重，称重。

3.2.2.2 植物残体分解测定

沿沼泽、沼泽化草甸和草甸分布方向(中心到边缘)设置分解试验样区，分别在地上和地下埋设枯落物分解袋和根系分解袋。通过测定枯落物和根系的分解速率，探讨枯落物分解和根分解对湿地水分变化的响应。

(1)枯落物分解测定

4月末，分别在沼泽、沼泽化草甸和草甸的实验样地内收集沼泽、沼泽化草甸和草甸植物地上枯落物，除去泥土和其他植物等杂质。将收集到的地上枯落物用清水冲洗干净，风干，剪成5cm长的小段，待用。称取10g(风干重)地上枯落物装入15cm×15cm的尼龙网袋中(孔径为100目)。同时取部分样品75℃烘干至恒重，计算风干重与烘干重之比。

5月1日，将准备好的所有枯落物分解袋随机投放到实验样地中。选择人为干扰少，地表起伏很小，植被、土壤、水文等性质相同，而且面积足够大的地方，随机布设分解袋。72个地上枯落物分解袋随机布设在地表，埋于地表枯落物中。最后用尼龙绳将布设好的分解袋连接在深插在样点上的木桩上，便于分解袋回收。随后每月取样一次，每次每个湿地分解小区取回3袋枯落物，取回的样袋及时带回实验室，清除叶片表面的土壤动物、植物根系、土壤颗粒等杂物，用清水冲洗干净，75℃烘干至恒重。称重，计算失重率和分解率。然后，三个重复样品充分混合、磨碎，过0.25mm筛，用于样品中元素含量的测定。

(2)根系分解测定

4月末，分别在沼泽、沼泽化草甸和草甸的实验样地内收集沼泽、沼泽化草甸和草甸植物地下根系，除去泥土和其他植物等杂质。将收集到的地下根系用清水冲洗干净，风干，剪成5cm长的小段，待用。地下根系分解袋为20cm×10cm的尼龙网袋(孔径为100目)，中间隔开，成为两个连在一起的10cm×10cm的分解袋。称取5g(风干重)地下根系分别装入每个10cm×10cm小格子中。同时取部分样品75℃烘干至恒重，计算风干重与烘干重之比。

5月1日，将准备好的所有根系分解袋随机投放到实验样地中。选择人为干扰少，地表起伏很小，植被、土壤、水文等性质相同，而且面积足够大的地方，随机布设分解袋。72个地下根系分解袋随机埋设到土壤中。每个分解袋沿着土壤剖面垂直埋入地下0~20cm的土壤中。最后用尼龙绳将布设好的分解袋连接在深插在样点上的木桩上，便于分解袋回收。随后每月取样一次，每次每个湿地分解小区取回3个根系分解袋，取回的样袋及时带回实验室，清除叶片表面的土壤动物、植物根系、土壤颗粒等杂物，用清水冲洗干净，75℃烘干至恒重。称重，计算失重率和分解率。然后，3个重复样品充分混合、磨碎，过筛，用于样品中元素含量的测定。

失重率的计算方法：

$$R = (W_1 - W_2)/W_1 \cdot 100\% \tag{3-1}$$

分解速率的计算方法：

$$r = 1/W \cdot dW/dt \tag{3-2}$$

即

$$r = (\ln W_1 - \ln W_2)/(t_2 - t_1) \tag{3-3}$$

式中　R 和 r——为失重率和分解速率；

　　　W_1 和 W_2——分别为 t_1 和 t_2 时刻的枯落物重量；

　　　t_1 和 t_2——时间。

3.2.2.3　土壤氮转化测定

（1）土壤氮矿化测定

依据典型性和代表性原则，在纳帕海湿地内选择一条典型的研究样带，样带大小为 10m×60m，样带上选择典型的沼泽、沼泽化草甸、草甸、垦后湿地样地。2011 年于 5~7 月、7~9 月和 9~11 月测定土壤净氮矿化量和土壤净氮矿化速率。土壤氮矿化采用树脂芯原位培养法测定。树脂芯的实验装置包括：PVC 管（内径 5cm，高 15cm）、装有 3g 阴离子交换树脂（二甲苯胺阴离子）和 3g 阳离子交换树脂（磺酸根型阳离子）的尼龙网（100 目）。装有阴阳离子交换树脂的尼龙网袋放入饱和 NaCl 溶液中浸泡 12h，激活。每个研究样地内随机选 5 个点，去除地表凋落物，每个点打入两支 PVC 管，将其中一支取出，放入 4 ℃冰箱带回实验室，另一支尽量不破坏土壤的原状结构，用小刀去除底部约 2cm 厚的土壤。在 PVC 管顶部放置 1 个尼龙网袋，底部放置 2 个。最后，将处理好的 PVC 管放回原位，野外培养两个月。土壤全氮（TN）用凯氏定氮法测定，铵态氮（NH_4^+）—N 用纳氏试剂比色法测定，硝态氮（NO_3^-—N）用酚二磺酸比色法测定。

（2）土壤反硝化测定

依据典型性和代表性原则，在纳帕海湿地内选择一条典型的研究样带，样带大小为 10m×60m，样带上选择典型的沼泽、沼泽化草甸、草甸、垦后湿地样地。2011 年 5、7、9、11 月采样，样地大小为 10m×15m，沿对角线选 3 个取样点，每个取样点用 PVC 管（内径 10cm，长 30cm）取 0~10cm 土柱 3 个，共取土柱 27 个。取土柱前去除地上植被，用塑料薄膜封住 PVC 管上下口带回实验室。同时用自封袋取 0~10cm 土样带回实验室用于土壤理化性质的测定。将取回的原位土柱打开上口，25 ℃下恒温箱内预培养 24h。

采用乙炔抑制法（Maag et al.，1996）测定土壤反硝化速率。将预培养后的土柱重新封住上口，用注射器抽取顶部 10 %的气体置换成乙炔气体（V/V）。注射乙炔气体后的土柱在黑暗环境下 25 ℃ 培养 24h，抽取 150mL 气体，用超痕量温室气体分析仪测定 N_2O 浓度，计算反硝化速率。

$$反硝化速率[mg/(m^2 \cdot d)] = 44/22.4 \, M \times 273/(273+T)(V_1-V_2)/S \qquad (3-4)$$

式中 M——气体浓度；

T——培养温度；

V_1 和 V_2——分别为 PVC 管和土壤有效体积；

S——土柱面积。

3.2.2.4 植物、土壤理化性质测定

(1)植物化学性质测定

植物样品的分析项目包括 TN、NH_4^+—N、NO_3^-—N 有机氮(OR—N)。植物 TN 的测定采用半微量凯氏法，称 2g 植物样品加入 10mL 17% MgO，放入 40℃ 干燥箱中，保温 5~6h 后用标准酸滴定样品测定 NH_4^+—N。用水浸提样品，比例为 1：10，取 1mL 待测液用磺基水杨酸法测定 NO_3^-—N。植物总有机碳(TOC)测定采用重铬酸钾外加热法(鲁如坤，2000)。

(2)土壤理化性质测定

5、7、9、11 月，分别在沼泽、沼泽化草甸、草甸和垦后湿地样地内采集土壤样品。每次采样时，分别在每个样区内挖 3 个典型土壤剖面，剖面深度为 40cm。以每个土壤剖面为一边，挖一个 40cm 深的土柱，然后将土柱整体取出，再分层取样，每 10cm 一层，共分 4 层。采集的土壤样品现场剔除大的根系和植物残体，装入自封袋，带回实验室，风干，磨碎过筛，3 个剖面样品等层次混合均匀后装袋备用。并同步采用烘干法测定土壤容重。

土壤含水率的测定采用烘干法，土壤容重的测定采用环刀法，土壤 pH 值采用土壤原位 pH 计测定，土壤 TN 采用分光光度计测定，土壤 TOC 采用总有机碳分析仪测定，土壤 NH_4^+—N、NO_3^-—N 含量采用 1mol/L 的 KCl 溶液浸提(土水比 1：10)后提取上清液用连续流动分析仪测定(Keeney et al.，1982)。

土壤微生物量碳($SMBC$)的测定采用氯仿熏蒸—K_2SO_4 浸提法(鲁如坤，2000)。熏蒸和未熏蒸的新鲜土壤(10g)分别用 0.5mol/L K_2SO_4 溶液(20ml)浸提 30min，用岛津 TOC-VCPH 仪测定浸提液有机碳浓度。土壤微生物量碳的计算公式如下：

$$SMBC = Ec/0.45 \qquad (3-5)$$

式中 Ec——熏蒸和未熏蒸样品浸提出的有机碳差值，mg/kg。

土壤水溶性有机碳的测定采用岛津 TOC-V$_{CPH}$ 仪测定浸提液有机碳浓度，得到水溶性有机碳。10g(干土重)新鲜土放入盛有 60mL 蒸馏水的三角瓶中，常温下震荡浸提

30min，用高速离心机离心，上清液过 $0.45\mu m$ 滤膜，用岛津 TOC-V$_{CPH}$仪测定浸提液有机碳浓度，得到水溶性有机碳。

土壤重组轻组分离采用 ZnI$_2$和 KI 混合液浸提法(鲁如坤，2000)，取 100g(干土重)土，分成 3 等分，分别放入密度为 $1.70g/cm^3$ 的重液中(ZnI$_2$ 和 KI 混合溶液，用 KOH溶液调至中性)，用手摇动震荡 5min，再用超声波 400J/mL 震荡 3min，离心机离心，虹吸法取上清液，过滤，重复操作 3 次。所得样品用 100mL 0.01mol/L CaCl$_2$溶液洗涤，再用 200mL 蒸馏水反复冲洗，得到轻组。剩余部分为重组，用 100ml 0.01mol/L CaCl$_2$溶液洗涤，再用 200mL 蒸馏水反复冲洗。样品回收率均在 95% 以上。将得到的组分分出一份，过 0.25mm 土壤筛，用重铬酸钾—外加热法测定有机碳含量。

3.2.2.5 环境因子测定

在每次采样的同时，同步观测(测定)环境因子，并收集区域气候、气象常规观测资料。

(1)土壤温度测定

5、7、9、11 月，于每个月的月末随机选择 5~7d 连续观测湿地土壤温度。分别在沼泽、沼泽化草甸和草甸样地内按照 5cm，10cm，15cm，20cm，25cm 和30cm 的深度埋设地温计，每天 8：00、11：00、14：00 和 16：00 进行 4 次温度观测，并记录下来。然后对观测数据进行整理，分别得到不同深度和不同月份的湿地土壤温度。

(2)水温和水面以上 1.5m 处气温测定

5、7、9、11 月，于每个月的月末随机选择 5~7d 连续观测湿地水温和水面以上 1.5m 处气温。分别在沼泽、沼泽化草甸和草甸样地内随机选择 3 个点，每个点布设 1 根木桩，气温计挂于木桩上部，气温计的感应部分距离水面以上 1.5m，水温计挂于木桩下部，水温计的感应部分位于水面以下 0.5cm。每天的 8：00、14：00 和 16：00 进行 3 次温度观测，并记录下来。最后将每个湿地内的 3 个点的测量结果取均值。

(3)pH 值测定

采用数字型 pH 计，于植物生长期内的每个月末随机选择 5~7d，在每个样地内选择几个样点测定湿地中水的 pH 值，并记录下来。

3.2.3 数据处理与统计分析方法

运用 Origin 7.5 软件对数据进行统计分析和作图。运用 SPSS 13.0 软件对数据进行方差分析、相关分析和回归分析。

第4章

湿地土壤碳氮的时空分布特征

4.1 湿地土壤碳氮时空分布特征

4.1.1 湿地土壤碳时空分布特征

4.1.1.1 湿地土壤总有机碳含量的时空分布特征

（1）湿地土壤总有机碳含量的水平分布

纳帕海沼泽、沼泽化草甸、草甸和垦后湿地土壤中总有机碳含量水平分布格局如图4-1所示。沼泽土壤0～10cm、10～20cm、20～30cm、30～40cm土层总有机碳含量分别为：73.23g/kg、73.62g/kg、59.10g/kg、56.17g/kg；各土层中沼泽化草甸土壤总有机碳含量最高，分别为：221.19g/kg、241.52g/kg、165.53g/kg、89.16g/kg；各土层中草甸土壤总有机碳含量最低，分别为：42.04g/kg、22.22g/kg、16.8g/kg、11.88g/kg；各土层中垦后湿地总有机碳含量分别为：43.26g/kg、43.48g/kg、25.83g/kg、18.60g/kg。0～40cm土层

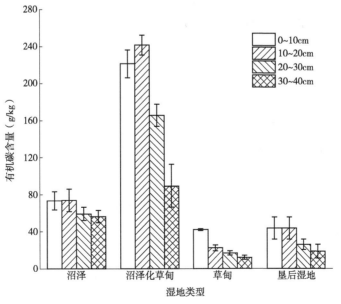

图4-1 纳帕海不同类型湿地土壤有机碳含量的水平分布特征

总有机碳含量均表现为：沼泽化草甸>沼泽>垦后湿地>草甸，即沼泽化草甸湿地土壤总有机碳含量远远高于其他湿地类型($P<0.01$)，而垦后湿地和草甸土壤之间不存在显著差异($P>0.05$)。这种变化规律表明湿地地表水位下降对土壤总有机碳产生影响，湿地地表水位下降促进植物多样性的发育，生物量的大量积累，补充土壤有机碳的含量。在气候变化和人类活动的干扰下，纳帕海不断发生旱化演替过程，使得地表无水，地下水位下降，湿地土壤有机碳库稳定性降低，趋于分解释放。

（2）湿地土壤总有机碳含量的垂直分布

湿地土壤由于不同发生层的物质组成和其他物理、化学条件，如温度、积水深度、有机质、pH 值等均有较大的差异，导致有机碳在土壤剖面垂直方向上产生分异。纳帕海沼泽、沼泽化草甸、草甸和垦后湿地土壤中总有机碳含量的垂直分布格局如图 4-2 所示。沼泽、沼泽化草甸、草甸和垦后湿地，总有机碳含量均表现出随着土壤层次的递增而逐渐减小的趋势。草甸和垦后湿地土壤剖面有机碳含量无明显差别，但明显低于沼泽和沼泽化草甸土壤的有机碳含量。沼泽湿地土壤有机碳含量最高值(92.82g/kg)出现在 10~20cm，向剖面下层含量持续下降，60cm 以下均低于 30g/kg。沼泽化草甸湿地土壤有机碳含量最高值(255.37g/kg)也出现在 10~20cm，向剖面下层含量持续下降，80cm 以下均低于 30g/kg。草甸土壤表层有机碳含量最高值(40.92g/kg)出现在 0~10cm，向剖面下层含量持续下降，20cm 以下均低于 30g/kg。垦后湿地土壤有机碳含量最高值(41.95g/kg)出现在 0~10cm，向剖面下层含量持续下降，40cm 以下均低于 30g/kg。这说明，纳帕海湿地表层土壤(0~20cm)有机碳含量最高。根据储碳层(有机碳含量>30g/kg 的层次)的定义，沼泽、沼泽化草甸、草甸和垦后湿地土壤储碳层厚度分别为 60、80、20、40cm。纳帕海沼泽化草甸土壤储碳层厚度是三江平原沼泽化草甸土壤

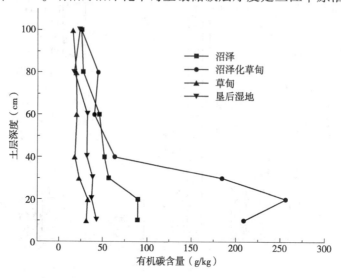

图 4-2　纳帕海不同类型湿地土壤有机碳含量的垂直分布特征

储碳层的 4 倍。储碳层的厚度与湿地的发育历史和湿地的水文、地质地貌状况密切相关，相同类型的湿地，发育晚，则储碳层薄。沼泽、沼泽化草甸、草甸和垦后湿地土壤剖面有机碳含量分布与植物根系分布深度密切相关。沼泽化草甸植物根系密集，集中分布于 0~40cm，沼泽植物根系较少，主要分布于 10~20cm，在植物根系对土壤的改善作用下，0~40cm 沼泽化草甸土壤有机碳含量明显高于沼泽土壤，而 40cm 以下沼泽和沼泽化草甸土壤有机碳含量差异不大。草甸和垦后湿地植物根系集中分布于 0~10cm，该土层有机碳含量最高。但沼泽化草甸和沼泽湿地土壤水分处于过饱和状态，分解程度低，利于有机碳积累。所以沼泽化草甸和沼泽湿地 0~10cm 土壤有机碳含量高于草甸和垦后湿地土壤。

整体来看，在各土层中土壤总有机碳含量从高到低顺序依次为：沼泽化草甸>沼泽>垦后湿地>草甸，表现出与湿地旱化演替规律基本一致的趋势，可能与沼泽和沼泽化草甸土壤环境质量较好，自身积累的有机碳含量较高且保存比较稳定有关，而草甸和垦后湿地土壤水分损失进一步导致土壤质量下降，这种变化表明湿地土壤总有机碳含量与湿地土壤水位具有密切关系。而 10~20cm 的土壤总有机碳含量从高到低的排序为：沼泽化草甸>沼泽>垦后湿地>草甸，20~40cm 土层呈现出同样的变化规律，但是同一类型不同层次间的递减量表现得不一致，可能与地表植被、根系分布、人为活动干扰有关。

纳帕海沼泽、沼泽化草甸、草甸和垦后湿地土壤剖面有机碳含量差异较大，这些差异是水文条件、地形地貌、植被类型、发育程度等因素的综合反映。一般认为，在垂直方向上，土壤有机碳含量与土层深度密切相关，土壤有机碳含量随深度的增加呈指数下降趋势。从上述研究结果可以看出，这种描述并不能反映湿地土壤剖面有机碳的垂直变化情况。湿地生态系统跨越了巨大的时间尺度，其有机碳含量随剖面深度的变化特征是湿地有机碳积累历史时期气候和环境条件的综合反映，与剧烈的气候和环境变化以及人类干扰活动等诸多因素密切相关。因此，在进行湿地生态系统碳储量估算时要尽可能增加样本数量，以减少估算的不确定性。

(3) 湿地土壤总有机碳含量的季节变化特征

季节变化伴随着温度和水分的变化，促进了植物生长繁殖，完成其生命周期，增加了湿地土壤总有机碳的积累。纳帕海不同类型湿地土壤总有机碳经过一个生长周期有了不同程度的增加，但增长幅度不一致(图 4-3)。

沼泽土壤 0~10cm 总有机碳含量最高值为 90.93g/kg，最低值为 51.19g/kg，增长幅度为 10~39.74g/kg；10~20cm 总有机碳含量最高值为 96.35g/kg，最低值为 47.92g/kg，增长幅度为 9.48~48.44g/kg；20~30cm 总有机碳含量最高值为 78.14g/kg，最低值为 43.26g/kg，增长幅度为 12.14~34.88g/kg；30~40cm 总有机碳含量最高值为 75.22g/kg，

最低值为43.11g/kg，增长幅度为9.83~32.11g/kg。增长幅度最大为10~20cm，增长幅度最小为30~40cm，增长量表现为：10~20cm>0~10cm>20~30cm>30~40cm。由图4-3可知，沼泽土壤总有机碳含量呈波动上升趋势，0~10cm和10~20cm土壤总有机碳含量波动较大，而20~30cm和30~40cm土壤总有机碳含量波动较小。在生长期内出现7月份、11月份两个高峰，分别为92.82g/kg和96.35g/kg，两个高峰均在10~20cm。5月和9月土壤总有机碳含量相对较低，但9月份高于5月份，分别为53.43g/kg和43.11g/kg，两个低值均在30~40cm。在沼泽土壤各土层中10~20cm土壤总有机碳含量最高，并且随着生长季的延长，有机碳含量总体呈上升趋势，沼泽土壤总有机碳含量在不断积累。

沼泽化草甸土壤总有机碳含量经过一个生长周期，0~10cm土壤总有机碳含量最高值为248.19g/kg，最低值为183.57g/kg，增长幅度为26.02~64.62g/kg；10~20cm土壤总有机碳含量最高值为262.98g/kg，最低值为218.76g/kg，增长幅度为10.20~44.23g/kg；20~30cm土壤总有机碳含量最高值为183.74g/kg，最低值为130.60g/kg，下降幅度为11.84~53.14g/kg；30~40cm土壤总有机碳含量最高值为158.96g/kg，最低值为63.70g/kg，下降幅度为1.45~95.26g/kg。增长幅度最大为0~10cm，增长幅度最小为10~20cm，增长量表现为：0~10cm>10~20cm>20~30cm>30~40cm。由图4-3可知，0~10cm土壤总有机碳含量先下降后上升，7月份和9月份持续下降，9月份达到最低值68.81g/kg，而5月份和11月份土壤总有机碳含量基本持平，无显著差异。10~20cm土壤总有机碳含量呈波动上升趋势，分别出现7月份和11月份两个高峰，最高值出现在11月份，为262.98g/kg。而20~40cm土壤总有机碳含量呈下降趋势，30~40cm下降幅度最大，最高值出现在5月份为158.96g/kg，最低值出现在7月份为63.70g/kg。在沼泽化草甸土壤各土层中10~20cm土壤总有机碳含量最高，但随着生长季的延长，沼泽土壤总有机碳含量总体呈下降趋势。

草甸土壤总有机碳含量经过一个生长周期，0~10cm土壤总有机碳含量最高值为43.82g/kg，最低值为40.78g/kg，增长幅度为0.14~3.04g/kg；10~20cm土壤总有机碳含量最高为31.97g/kg，最低值为18.25g/kg，增长幅度为0.75~12.30g/kg；20~30cm土壤总有机碳含量最高为21.59g/kg，最低值为11.05g/kg，增长幅度为2.04~3.96g/kg；30~40cm土壤总有机碳含量最高为18.50g/kg，最低值为8.05g/kg，增长幅度为1.86~7.45g/kg。增长幅度最大为10~20cm，增长幅度最小为20~30cm，增长量表现为：10~20cm>30~40cm>0~10cm>20~30cm。由图4-3可知，0~10cm土壤总有机碳含量呈上升趋势，但差异化不明显，最高值出现在11月份，为43.82g/kg，最低值出现在5月份，为40.92g/kg。其余土层5月份~7月份土壤总有机碳含量表现为增加，最高值为40.92g/kg，其他月份呈下降趋势，最低值为8.05g/kg。在草甸土壤各土层中0~10cm土壤总有机碳含量最高，随着生长季的延长，草甸土壤总有机碳含量总体呈下降趋势。

垦后湿地土壤总有机碳含量经过一个生长周期，0~10cm 土壤总有机碳含量最高值为 92.49g/kg，最低值为 23.73g/kg，增长幅度为 19.62~68.76g/kg；10~20cm 土壤总有机碳含量最高为 83.58g/kg，最低值为 26.13g/kg，增长幅度为 11.11~57.45g/kg；20~30cm 土壤总有机碳含量最高为 72.60g/kg，最低值为 25.38g/kg，增长幅度为 0.45~47.21g/kg；30~40cm 土壤总有机碳含量最高为 52.44g/kg，最低值为18.60g/kg，增长幅度为：8.54~33.85g/kg。增长幅度最大为 0~10cm，增长幅度最小为 30~40cm，增长量表现为 0~10cm>20~30cm>10~20cm>30~40cm。由图 4-3 可知，0~20cm 土壤总有机碳含量呈逐渐上升趋势，最高值出现在 11 月份，为 92.49g/kg，最低值出现在 5 月份，为 26.13g/kg。20~40cm 土壤总有机碳含量呈波动上升趋势，11 月份达到最高值为 72.60g/kg，在 7 月份和 9 月份出现两个峰值，分别为 38.79g/kg、18.60g/kg。这说明，在垦后湿地土壤各土层中 0~10cm 土壤总有机碳含量最高，随着生长季的延长，垦后湿地土壤总有机碳含量总体呈上升趋势，土壤总有机碳含量在不断积累。

综上，沼泽化草甸和垦后湿地 0~40cm 土层土壤总有机碳增幅显著大于沼泽和草甸土壤的增幅，其增幅在 6.74~24.65g/kg 和 7.37~30.04g/kg 之间，而沼泽和草甸的增幅在 0.48~2.92g/kg 和 0.82~2.58g/kg 之间。其中，沼泽化草甸和沼泽各层次的土壤有机碳含量远远高于草甸和垦后湿地土壤对应层次的有机碳含量（$P<0.05$），表明纳帕海湿地具有较强的有机碳积累作用，这与湿地地表植被生长情况相关；而草甸和垦后湿地有机碳积累作用较弱，较好地反映了气候变化叠加人为干扰影响导致的旱化演替的湿地（草甸和垦后湿地）土壤"碳汇"功能退化。

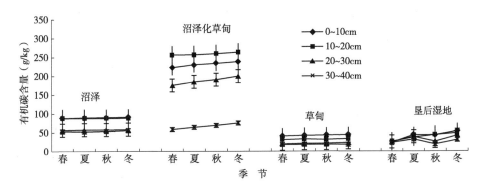

图 4-3　纳帕海不同类型湿地土壤有机碳含量的季节变化

（4）湿地土壤总有机碳含量的垂直变异性

纳帕海湿地土壤有机碳的垂直变异性见表 4-1。据表可知，5 月份沼泽土壤总有机碳含量平均值为 46.37g/kg，垂直变异系数为 11.84%；沼泽化草甸土壤总有机碳含量平均值为 199.25g/kg，垂直变异系数为 5.14%；草甸土壤总有机碳含量平均值为 22.76g/kg，垂直变异性最小为 1.80%；垦后湿地土壤总有机碳含量平均值为 24.60g/kg，垂直变异系数最大为 17.74%。

表 4-1 纳帕海不同类型湿地土壤总有机碳的垂直变异性特征

湿地类型	项 目		总有机碳含量
沼 泽	5	平均值(g/kg)	46.37
		标准差(g/kg)	3.91
		变异系数(%)	11.84
	7	平均值(g/kg)	73.74
		标准差(g/kg)	20.40
		变异系数(%)	3.61
	9	平均值(g/kg)	56.85
		标准差(g/kg)	3.31
		变异系数(%)	17.16
	11	平均值(g/kg)	85.16
		标准差(g/kg)	10.11
		变异系数(%)	8.42
沼泽化草甸	5	平均值(g/kg)	199.25
		标准差(g/kg)	38.73
		变异系数(%)	5.14
	7	平均值(g/kg)	178.10
		标准差(g/kg)	81.82
		变异系数(%)	2.18
	9	平均值(g/kg)	163.31
		标准差(g/kg)	67.64
		变异系数(%)	2.41
	11	平均值(g/kg)	176.73
		标准差(g/kg)	95.08
		变异系数(%)	1.86
草 甸	5	平均值(g/kg)	22.76
		标准差(g/kg)	12.67
		变异系数(%)	1.80
	7	平均值(g/kg)	28.24
		标准差(g/kg)	10.23
		变异系数(%)	2.76
	9	平均值(g/kg)	20.00
		标准差(g/kg)	15.69
		变异系数(%)	1.27
	11	平均值(g/kg)	21.94
		标准差(g/kg)	15.06
		变异系数(%)	1.46

（续）

湿地类型	项 目		总有机碳含量
垦后湿地	5	平均值（g/kg）	24.60
		标准差（g/kg）	1.39
		变异系数（%）	17.74
	7	平均值（g/kg）	37.77
		标准差（g/kg）	4.80
		变异系数（%）	7.87
	9	平均值（g/kg）	32.79
		标准差（g/kg）	12.57
		变异系数（%）	2.61
	11	平均值（g/kg）	75.28
		标准差（g/kg）	17.26
		变异系数（%）	4.36

7月沼泽土壤总有机碳含量平均值为73.74g/kg，垂直变异系数为3.61%；沼泽化草甸土壤总有机碳含量平均值为178.10g/kg，垂直变异性最小为2.18%；草甸土壤总有机碳含量平均值为28.24g/kg，垂直变异系数为2.76%；垦后湿地土壤总有机碳含量平均值为37.77g/kg，垂直变异系数最大为7.87%。

9月沼泽土壤总有机碳含量平均值为56.85g/kg，垂直变异系数最大为17.16%，沼泽化草甸土壤总有机碳含量平均值为163.31g/kg，垂直变异系数为2.41%，草甸土壤总有机碳含量平均值为20.00g/kg，垂直变异系数最小为1.27%；垦后湿地土壤总有机碳含量平均值为32.79g/kg，垂直变异系数为2.61%。

11月沼泽土壤总有机碳含量平均值为85.16g/kg，垂直变异系数最大为8.42%；沼泽化草甸土壤总有机碳含量平均值为176.73g/kg，垂直变异系数为1.85%；草甸土壤总有机碳含量平均值为21.94g/kg，垂直变异系数最小为1.46%；垦后湿地土壤总有机碳含量平均值为75.28g/kg，垂直变异系数为4.36%。表明沼泽、沼泽化草甸、草甸和垦后湿地土壤总有机碳垂直分布存在巨大的空间异质性。

整体来看，随着水位增加土壤总有机碳含量垂直变异性逐渐增大，除5月和7月垦后湿地土壤总有机碳含量垂直变异性较高，其余生长期均表现为沼泽土壤总有机碳含量垂直变异性最大，草甸土壤总有机碳含量垂直变异性最小，在生长期内土壤总有机碳含量的变异系数均表现为：沼泽＞垦后湿地＞沼泽化草甸＞草甸。

（5）湿地土壤总有机碳含量时空特征分析

纳帕海不同类型湿地土壤有机碳与土壤物理指标的相关性见表4-2，土壤有机碳与土壤含水率呈极显著正相关关系（$P<0.01$），表明土壤水分含量决定着土壤有

机碳含量，开沟排水、挖沙取土、堆磊旅游步道和过度放牧等人为活动造成湿地水分损失，湿地旱化过程加速，这是一个湿地水文环境变化导致土壤质量下降的过程。而与土壤容重呈极显著的负相关关系（$P<0.01$），湿地旱化演替进程导致湿地水分丧失，改变土壤物理性质，进而使得土壤板结、硬化，容重值增加，不利于土壤有机碳的积累。

纳帕海湿地沿着沼泽—沼泽化草甸—草甸—垦后湿地的旱化演替过程的土壤总有机碳表现出先增加后降低的趋势，即旱化演替从沼泽到沼泽化草甸的过程表现为有机碳积累过程，这一阶段纳帕海湿地从湖心水深1~5m降到5~20cm，水位下降了20~25倍，且淹水时间具有季节性变化，使得地表植物群落结构发生显著改变，从沼泽以杉叶藻为主的单优群落演替发展为高大挺水植物群落（水葱+茭草）或者低矮的湿生植物（云雾薹草+矮地榆+华扁穗草+婆婆纳等），植被盖度也从30%发展到90%，使得地上生物量增加补充了土壤碳库的有机碳含量。随着旱化演替进程的推进，湿地水位进一步下降，使得草甸和垦后湿地土壤水分处于不饱和状态，土壤通气性增加、土温上升，土壤有机质氧化速率加快，加之地表旱生植被的积累量减少，造成土壤有机碳含量逐渐减少，表现为碳释放的过程，说明水分条件的改变，尤其是排水疏干等人为干扰直接影响湿地有机碳的积累。张金波等（2005）和高俊琴等（2010）对三江平原和若尔盖湿地有机碳的研究也证实了这一点，结果表明挖沟排水、开垦耕地等人为活动导致湿地水分丧失，使得土壤有机碳含量迅速降低。陆梅等（2004）和黄易（2009）对纳帕海湿地的研究结果也表明纳帕海湿地沿着生沼泽—沼泽化草甸—草甸—垦后湿地的旱化演替过程造成土壤容重增加，土壤含水量降低，导致湿地碳库分解释放，纳帕海湿地旱化演替为草甸的过程损失有机碳约为$44.4×10^8$t。

土壤剖面有机碳的分布主要取决于植物残体的补充（高俊琴等，2010），纳帕海湿地旱化演替不同阶段土壤分布的植被不同，且各层次土壤中分布的植物根系随土壤深度增加逐渐递减，因而土壤剖面有机碳含量也随着土层深度加深而减少。按照湿地旱化演替规律来说，垦后湿地各层土壤总有机碳含量应该低于草甸，然而数据表明除了0~10cm土壤以外，垦后湿地土壤总有机碳含量均高于草甸含量，这种结果可能与垦后湿地受到施肥（圈肥）、翻耕、播种、除草等人为活动干扰的影响有关。有相关报道也表明了垦后湿地施用有机肥和翻耕作用能够促进土壤有机碳的积累（马晓丽等，2011）。而从旱化演替不同阶段的储碳能力来看，参照三江平原湿地以10g/kg有机碳含量作为划分储碳层和淀积层的标准（张文菊等，2004），那么纳帕海湿地旱化演替进程不同阶段0~40cm土层均是储碳层。但是随着土壤剖面深度增加，40cm以下土层是否为储碳层有待进一步研究。

表 4-2　纳帕海不同类型湿地土壤物理特征

| 物理指标 | 土层(cm) | 湿地类型 | | | |
		沼　泽	沼泽化草甸	草　甸	垦后湿地
土壤含水量 (%)	0~10	饱和状态	饱和状态	20.2±6.6	20.1±8.4
	10~20	饱和状态	饱和状态	19.6±8.0	23.3±15.4
	20~30	饱和状态	饱和状态	19.4±11.9	22.2±12.4
	30~40	饱和状态	饱和状态	18.6±10.6	19.00±10.3
土壤容重 (g/cm³)	0~10	0.330±0.008	0.244±0.061	1.063±0.226	1.118±0.099
	10~20	0.495±0.142	0.208±0.089	1.330±0.118	1.213±0.159
	20~30	0.485±0.093	0.440±0.162	1.437±0.130	1.376±0.156
	30~40	0.563±0.101	0.599±0.125	1.452±0.131	1.413±0.089

表 4-3　纳帕海湿地土壤有机碳与物理指标的相关分析

项　目	有机碳含量	含水率	土壤容重
有机碳	1	0.91**	-0.76**
含水率	0.91**	1	-0.77**
容　重	-0.76**	-0.77**	1

注：$N=48$；**显著性水平为 $P<0.01$。

4.1.1.2 湿地土壤有机碳密度的时空分布特征

(1)湿地土壤有机碳密度空间分布特征

土壤有机碳密度和土壤剖面深度是土壤有机碳碳储量估算的两个基本参数,在土壤剖面深度为定值时,有机碳储量估算的变异性主要来源于碳密度的变异。而碳密度的变异则是由有机碳含量和土壤容重的变异性决定的。因此,土壤剖面有机碳密度不仅是碳储量估算的一个主要参数,其本身也是反映生态系统有机碳蓄积特征的一项重要指标。纳帕海不同类型湿地土壤有机碳密度季节平均值与土壤有机碳含量的季节平均值变化趋势基本一致(图 4-4),呈现出随着土壤深度增加,有机碳密度逐渐递减的趋势。沼泽、沼泽化草甸、草甸和垦后湿地土壤剖面有机碳密度分布特征明显不同。沼泽和沼泽化草甸土壤有机碳密度最大值为 53.275kg/m³ 和 82.243kg/m³,出现在 10~20cm,向剖面下层有机碳密度持续下降,80cm 以下稳定在 35kg/m³ 左右。草甸土壤有机碳密度最大值为 59.278kg/m³,出现在 0~10cm,向剖面下层有机碳密度持续下降,80cm 以下稳定在 20kg/m³ 左右。垦后湿地土壤有机碳密度最大值 56.67kg/m³,出现在 0~10cm,向剖面下层有机碳密度持续下降,80cm 以下稳定在 30.34kg/m³ 左右。垦后湿地由于受到施肥(圈肥+化肥)、翻耕、除草等人为活动干扰,土壤有机碳密度垂直分布的变幅较小,为 13.98kg/m³,而沼泽、沼泽化草甸和草甸的变幅较大,分别为

$33.37kg/m^3$、$116.47kg/m^3$ 和 $27.68kg/m^3$，且沼泽和沼泽化草甸各层次有机碳密度含量显著高于草甸和垦后湿地各层次含量（$P<0.01$）。这可能与沼泽和沼泽化草甸土壤环境质量较好，固碳能力强且保存比较稳定有关；而草甸和垦后湿地土壤环境质量较湿地环境差，造成土壤固有的较高有机碳分解释放，使草甸和垦后湿地表现为土壤有机碳密度较小。

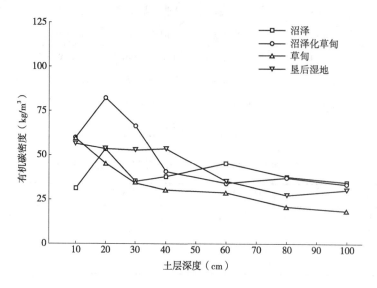

图4-4 纳帕海不同类型湿地土壤有机碳密度剖面分布特征

沼泽和沼泽化草甸土壤剖面有机碳密度较高，均在 $30kg/m^3$ 以上，草甸土壤 $0~40cm$ 有机碳密度高于 $30kg/m^3$，$40cm$ 以下有机碳密度均低于 $30kg/m^3$，垦后湿地土壤 $60~80cm$ 有机碳密度低于 $30kg/m^3$，其余土层均高于 $30kg/m^3$。沼泽有机碳密度比草甸和垦后湿地高 63.44% 和 75.25%，沼泽化草甸比草甸和垦后湿地分别高 217.07% 和 239.96%，而草甸比垦后湿地高出 7.22%，表现出与土壤总有机碳含量一致的变化趋势。说明了纳帕海湿地土壤有机碳密度的变化主要由土壤总有机碳含量的变化引起，从沼泽到沼泽化草甸的旱化演替进程有利于土壤有机碳的积累，进一步影响土壤有机碳密度。随着纳帕海湿地旱化演替进程的推进，湿地地表水位显著下降，伴随着温度、微生物、土壤呼吸、光合速率等一系列因子的变化，导致湿地内存储的较高的土壤有机碳分解释放，同时土壤硬化板结、通气透水性改变、土壤容重值增加，使得草甸和垦后湿地表现为土壤有机碳密度下降。

以往的研究表明，陆地土壤碳密度的地理地带性是在温度和降水的综合作用下形成的，地形地貌和地表覆盖的差异也可造成有机碳密度的差异。纳帕海沼泽、沼泽化草甸、草甸和垦后湿地土壤有机碳密度差异较大的主要原因是四者所处的地形地貌条件和地表覆盖完全不同。

（2）湿地土壤有机碳密度季节分布特征

土壤有机碳密度的变异性是由土壤有机碳含量和土壤容重值变异性共同决定的，

因而季节变化对土壤有机碳密度有影响。纳帕海湿地不同类型湿地土壤有机碳密度的季节变化如图 4-5 所示。沼泽和沼泽化草甸 0~40cm 土壤有机碳密度的季节变化呈现出反"N"型趋势(即春秋季有机碳密度大,夏冬季密度小),且沼泽化草甸的波动性较大,生沼泽的变化比较平缓,反映了季节变化对纳帕海湿地季节性淹水湿地的有机碳密度具有强烈的影响。对于草甸来说,呈现出夏秋季密度大,冬春季密度小的趋势,可能与大气降水和淋溶下渗作用有关。而垦后湿地 0~20cm 土层同样呈现出" Λ "型趋势,可能与春季播种前施用的圈肥翻耕后在夏秋季腐解补充有机碳含量有关,20~40cm 土层则表现出随季节变化不断递增的规律,可能与 0~20cm 土层中有机碳淋溶作用有关。

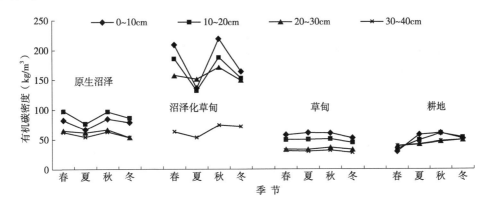

图 4-5　纳帕海不同类型湿地土壤有机碳密度的季节变化

(3)湿地土壤有机碳密度时空特征分析

湿地旱化演替过程造成湿地水位下降、水分损失、土壤碳库稳定性下降,使得土壤有机碳含量下降,同时使得决定土壤有机碳密度的另一个因素土壤容重值增加,在双重因素叠加下使得旱化演替过程的土壤有机碳密度下降。随着土壤深度的增加,水分和容重变化更加剧烈,土壤有机碳密度空间异质性也更加显著。

纳帕海湿地沼泽和沼泽化草甸 0~40cm 土层的土壤有机碳密度均大于 $60kg/m^3$,而草甸和垦后湿地 0~40cm 土层的土壤有机碳密度均小于 $60kg/m^3$,纳帕海不同类型湿地土壤有机碳密度与三江平原泥炭土有机碳密度($60kg/m^3$ 以上)相比(张金波等,2005),纳帕海湿地沼泽化草甸和沼泽 0~30cm 土壤有机碳密度较大,30~40cm 土层与其基本一致;而草甸和垦后湿地的有机碳密度稍偏低。与高俊琴等(2010)对高原湿地若尔盖常年积水的泥炭土、季节性淹水腐殖泥炭土和无积水腐殖土的研究结果相比,在同是高原湿地且水位情况基本相同条件下,纳帕海高原湿地沼泽化草甸土壤有机碳密度($65.24~181.71kg/m^3$)显著高于若尔盖高原湿地的季节性淹水的腐殖泥炭土有机碳密度($40~75kg/m^3$),沼泽有机碳密度($62.07~97.90kg/m^3$)高于若尔盖常年淹水的泥炭土有机碳密度($52~66kg/m^3$),草甸土壤有机碳密度同样也高于若尔盖腐殖土有机碳密度(14~40kg/m³)，说明纳帕海湿地具有更强的有机碳储备能力。

4.1.1.3 湿地土壤微生物量碳的时空分布特征

（1）湿地土壤微生物量碳的水平分布

纳帕海沼泽、沼泽化草甸、草甸和垦后湿地 0~40cm 土层土壤微生物量碳含量之间存在极显著差异($P<0.01$)，表现为沼泽化草甸>沼泽>草甸>垦后湿地(图 4-6)，其微生物量碳含量大小分别为：（940.00 ± 69.11）mg/kg、（472.22 ± 89.36）mg/kg、（359.79±22.65）mg/kg 和（355.38±48.35）mg/kg。沼泽化草甸土壤微生物量碳含量分别比沼泽、草甸和垦后湿地高 99.06%、161.26% 和 164.51%，表明湿地旱化演替对土壤微生物量碳具有强烈的影响，首先从沼泽过渡到沼泽化草甸过程中显著增加了土壤微生物量碳，其次是随着旱化演替进程的推进，从沼泽化草甸向草甸和垦后湿地演替，土壤微生物量碳表现出逐渐减少的趋势，这种结果与土壤总有机碳的变化趋势相一致。

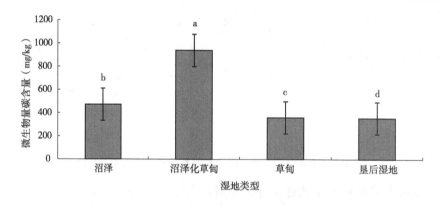

图 4-6　纳帕海不同类型湿地土壤微生物量碳的水平分布

（2）湿地土壤微生物量碳的垂直分布特征

纳帕海不同类型湿地各层土壤微生物量碳的季节变化表现出从表层到深层依次递减的规律(图 4-7)，且各层次间存在显著差异($P<0.05$)。沼泽、沼泽化草甸、草甸和垦后湿地土壤微生物量碳 0~10cm 土层含量最高，分别为：（204.23±44.90）mg/kg、（446.23±98.72）mg/kg、（158.64±65.24）mg/kg 和（154.14±75.72）mg/kg，草甸和垦后湿地表层土壤微生物量碳含量比沼泽分别减少了 22.32% 和 24.53%，比沼泽化草甸分别减少了 64.45% 和 65.46%。随着土壤深度增加土壤微生物量碳含量依次递减，沼泽、沼泽化草甸、草甸和垦后湿地的变幅分别为：148.83mg/kg、336.06mg/kg 和116.41mg/kg 和 106.02mg/kg，表明土壤微生物的活性在很大程度上受到土壤环境质量和土层深度的限制。

（3）湿地土壤微生物量碳的季节变化特征

纳帕海不同类型湿地土壤微生物量碳在季节变化上表现出不同的变化规律(表4-4)。沼泽化草甸和草甸土壤微生物量碳呈现的规律基本一致，0~20cm 土层变化特征基本呈现

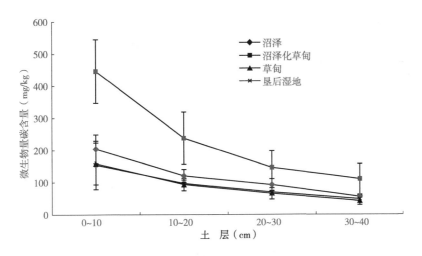

图 4-7　纳帕海不同类型湿地土壤微生物量碳的垂直分布

"W"型的趋势，且各季节之间都存在显著差异（$P < 0.05$），即春秋季含量高，冬夏季含量低；而 20~40cm 土壤微生物量碳则表现出"∧"型曲线，即夏秋季高，冬春季低。究其原因，首先是沼泽化草甸夏季淹水深度增加，抑制了微生物的生长，草甸则夏季地温太高和水分缺乏抑制了微生物的生长繁殖，冬季气温低，土壤冰冻，降低了土壤微生物的活性；而春秋季无论是水分还是气温都适宜土壤微生物的生长繁殖，增加了微生物量碳；由于沼泽化草甸和草甸 20~40cm 的土层较深，土壤温度变化慢，加之植物根系少，因而微生物量碳的变化较小，但随着夏秋季节温度的持续升高，微生物量碳表现出不断增加的状态。沼泽的微生物量碳无论是 0~20cm 还是 20~40cm 土壤都表现出"∧"型曲线变化，可能是由于沼泽长期淹水，土壤中的微生物又都是厌氧性细菌，春夏秋季随着地温的缓慢升高表现出逐渐递增的趋势。而垦后湿地 0~20cm 土层土壤微生物量碳含量表现为"V"型，其中，夏季含量最低，春秋冬季节含量都较高，可能与春秋冬季节人为活动对垦后湿地的干扰比较强烈有关（春季土地翻耕+施用圈肥进行播种、秋季进行收割+除茬、冬季进行翻耕晒土），而夏季对垦后湿地的人为活动主要是施用化肥和喷洒农药，造成了垦后湿地土壤中的微生物大量死亡，因而微生物量碳含量较低。20~40cm 的垦后湿地土壤微生物量碳含量总体变化不大，但是含量远远低于表层土壤含量，可能与播种作物（青稞、蔓菁、油菜）都是浅根系，土壤有机质含量低，加之机械翻耕土层深度只有 20cm 左右，对深层土壤扰动较小，因而造成 20~40cm 土层耕地土壤微生物量碳含量较低且季节变化较小。

　　沼泽化草甸和沼泽 0~20cm 土层的最高微生物量碳均出现在秋季，0~10cm 土层土壤微生物量碳含量分别为（595.01±4.68）mg/kg 和（232.59±5.33）mg/kg；10~20cm 土层土壤微生物量碳含量分别为（342.93±3.08）mg/kg 和（148.71±6.89）mg/kg，说明长期或季节性淹水的沼泽和沼泽化草甸秋季水位回落，水分和温度都适宜土壤微生物的生长繁殖，形成了土壤微生物量碳的短暂富集状态。

表 4-4 纳帕海不同类型湿地土壤微生物量碳的季节变化特征

湿地类型	土层(cm)	土壤微生物量碳含量(mg/kg)			
		春 季	夏 季	秋 季	冬 季
沼 泽	0~10	128.75±0.97d	212.7±4.65c	232.59±5.33b	242.86±6.14a
	10~20	91.96±1.03c	120.99±2.45b	148.71±6.89a	120.98±3.83b
	20~30	70.67±4.85d	81.64±5.55c	121.18±3.35a	95.13±5.93b
	30~40	57.11±1.20b	58.14±6.98a	54.95±4.18c	50.50±3.97d
沼泽化草甸	0~10	468.62±10.10b	331.52±1.58d	595.01±4.68a	389.75±4.78c
	10~20	278.47±2.14b	207.7±5.37c	342.93±3.08a	123.99±2.91d
	20~30	217.93±1.91a	145.64±1.55c	148.34±6.74b	69.43±6.37d
	30~40	170.93±0.85a	127.8±7.35b	102.53±4.36c	39.43±1.27d
草 甸	0~10	223.65±6.7a	128.4±10.99c	216.38±3.51b	66.15±2.11d
	10~20	103.73±0.42c	89.55±4.40a	104.52±5.61b	60.32±3.91d
	20~30	69.2±0.60c	81.74±3.87a	74.04±3.42b	35.54±7.09d
	30~40	47.58±1.90c	50.28±3.15a	48.99±3.13b	22.07±3.87d
垦后湿地	0~10	104.41±1.26c	98.73±1.35d	129.69±5.20b	283.72±8.59a
	10~20	86.84±1.11c	86.76±3.01d	104.85±6.24b	110.35±13.26a
	20~30	75.13±1.87a	72.08±3.45b	67.86±3.17c	63.16±8.99d
	30~40	49.66±0.65c	53.37±5.53b	60.79±3.84a	58.66±5.66d

注：不同字母表示同一湿地类型在相同深度土层土壤微生物量碳含量季节间差异显著。

(4)湿地土壤微生物量碳时空特征分析

纳帕海不同类型湿地土壤微生物量碳与土壤有机碳、土壤容重值和土壤水分的相关性见表 4-5，土壤微生物量碳与土壤有机碳和土壤含水率呈极显著正相关关系($P<0.01$)，而与土壤容重呈极显著的负相关关系($P<0.01$)，表明纳帕海湿地土壤微生物量碳含量分布均受到土壤有机碳、土壤水分和土壤容重的强烈影响。

表 4-5 纳帕海湿地土壤微生物量碳与环境因子的相关分析

项 目	总有机碳含量	微生物量碳含量	含水率	土壤容重
总有机碳	1	0.71**	0.91**	-0.76**
微生物量碳	0.71**	1	0.67**	-0.50**
含水率	0.91**	0.67**	1	-0.77**
土壤容重	-0.76**	-0.50**	-0.77**	1

注：$N=48$；**显著性水平为 $P<0.01$。

纳帕海不同湿地类型土壤微生物量碳含量具有显著差异性($P<0.01$)，从沼泽到沼泽化草甸的演替过程增加了土壤微生物量碳，而湿地继续旱化演替为草甸和垦后湿地，

土壤微生物量碳含量逐渐下降，这与土壤有机碳的质量有关。沼泽化草甸土壤有机碳含量较高，可利用性较大，同时地表水位适中，促进了土壤微生物量碳的富集；随着旱化演替造成湿地土壤水分损失，草甸和垦后湿地地表无水，地下水位下降，土温升高，造成土壤原有有机碳分解释放，供应土壤微生物生长繁殖的营养物质减少，因而，草甸和垦后湿地的微生物量碳较小，且表现为递减的趋势。杨继松等(2009)和杨桂生等(2010)的研究结果也表明了湿地水位下降造成三江平原小叶樟湿地土壤微生物量碳的下降。

沼泽、沼泽化草甸各层次土壤微生物量碳含量远远高于草甸和垦后湿地土壤的微生物量碳含量($P<0.05$)，而草甸和垦后湿地的土壤微生物量碳层间变化没有显著差异。这与沼泽和沼泽化草甸受到的人为干扰较小，湿地水文环境比较稳定，植被丰富、有机质返还量较多且利用率高有利于土壤微生物生长繁殖有关；而草甸和垦后湿地土壤水分大量损失，植物地上、地下生物返还量较低，加之土壤碳库中有机质加快分解释放，土壤微生物生存的必备条件变差造成微生物量碳下降。

由于纳帕海地处农牧交错区和旅游开发区，挖沟排水、开垦农田、挖沙取土、开发高原牧场和堆磊旅游步道以及修建环湖公路等人为活动加速了湿地水分损失，加之全球气候变化的温室效应影响，使得纳帕海湿地沼泽和沼泽化草甸面积锐减，草甸和垦后面积不断增加，同时加速了湿地碳库的分解释放，削弱了高原湿地的碳汇功能。其次，纳帕海湿地由于湿地旱化演替使得土壤水分缺失，造成湿地固有碳汇向着碳源转化(即湿地碳库分解释放)，使得草甸和垦后湿地的土壤有机碳含量骤减，进一步造成土壤环境中微生物量碳含量下降。最后，湿地旱化演替过程造成草甸和垦后湿地土壤通气透水性改变，有机质氧化速率加快，土壤发生板结硬化形成块状结构，抑制了微生物活性，导致微生物量碳下降。

4.1.1.4　湿地土壤水溶性有机碳的时空分布特征

(1)湿地土壤水溶性有机碳的水平分布

纳帕海沼泽、沼泽化草甸、草甸和垦后湿地 0~40cm 土层土壤水溶性有机碳含量存在极显著差异($P<0.01$)，大小顺序依次为沼泽化草甸>沼泽>草甸>垦后湿地，其含量分别为(549.48±86.89)mg/kg、(321.25±52.33)mg/kg、(150.14±21.75)mg/kg 和(118.10±16.89)mg/kg(图4-8)。随着纳帕海湿地旱化演替进程，土壤水溶性有机碳表现出逐渐减少的趋势，演替后期的草甸和垦后湿地土壤水溶性有机碳含量比旱化演替初期的沼泽含量减少了 171.11mg/kg 和 203.15mg/kg，比旱化演替过程中的沼泽化草甸减少了 399.34mg/kg 和 431.38mg/kg，说明湿地旱化演替导致湿地水文发生急剧变化造成湿地碳库分解释放，使得湿地土壤中比较活跃的水溶性有机碳含量下降；且沼泽化草甸比沼泽含量高 228.23mg/kg，这可能与季节性淹水的沼泽化草甸拥有较好的植被，有机质富集量多，且水位深度远远低于长期淹水的沼泽有关。

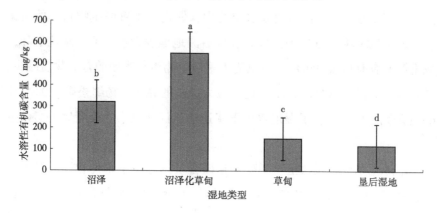

图4-8 纳帕海不同类型湿地土壤水溶性有机碳的水平分布

（2）湿地土壤水溶性有机碳的垂直分布

纳帕海沼泽、沼泽化草甸、草甸和垦后湿地土壤水溶性有机碳垂直分布如图4-9所示。整体来看，纳帕海不同类型湿地土壤水溶性有机碳含量从高到低依次为：沼泽化草甸>沼泽>草甸>垦后湿地。沼泽化草甸、沼泽、草甸和垦后湿地土壤水溶性有机碳含量含量最高值出现在0~10cm土层，分别为：（173.41±29.57）mg/kg、（91.49±23.51）mg/kg、（51.35±5.67）mg/kg和（31.60±6.42）mg/kg；而最低含量除了沼泽出现在20~30cm土层外均出现在30~40cm土层，沼泽化草甸、草甸和垦后湿地最低含量分别为：（84.51±6.47）mg/kg、（31.37±0.37）mg/kg、（26.66±7.01）mg/kg。说明纳帕海湿地旱化演替进程同样对水溶性有机碳有深刻影响，表现为随着湿地旱化演替不断深入含量逐渐减少。且0~20cm土层的水溶性有机碳含量均大于20~40cm土层含量，这可能与土壤深度增加，有机质含量减少，土体自身能够提供的水溶性有机碳量少有关。

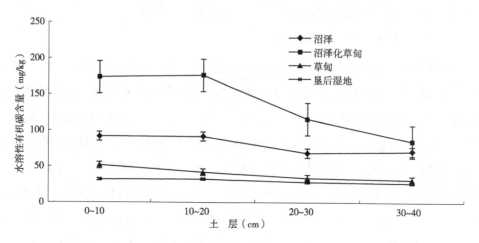

图4-9 纳帕海不同类型湿地土壤水溶性有机碳的垂直分布

（3）湿地土壤水溶性有机碳的季节变化

纳帕海不同类型湿地土壤的水溶性有机碳含量季节变化表现出不同的规律（图4-10）。沼泽、沼泽化草甸和草甸0～40cm土层土壤水溶性有机碳含量季节性波动较大，变幅分别为：72.28mg/kg、179.45mg/kg和49.10mg/kg。其中沼泽0～20cm土层土壤水溶性有机碳季节性变化表现出"N"型的趋势，即夏冬季含量高，春秋季含量低；沼泽化草甸的0～20cm土层土壤水溶性有机碳季节性变化表现出"V"型的趋势，即夏季含量低，春秋冬季含量高；而草甸土壤水溶性有机碳季节性变化没有规律性，各层次交错变化。垦后湿地土壤的水溶性有机碳含量整体较低，季节性变化较小，这与耕地类型为农业用地，受到的人为活动干扰较大有关，经常翻耕，晒土，收割除茬等活动造成土壤有机质返还量低，而有机质分解释放强烈，使得水溶性有机碳含量降低。

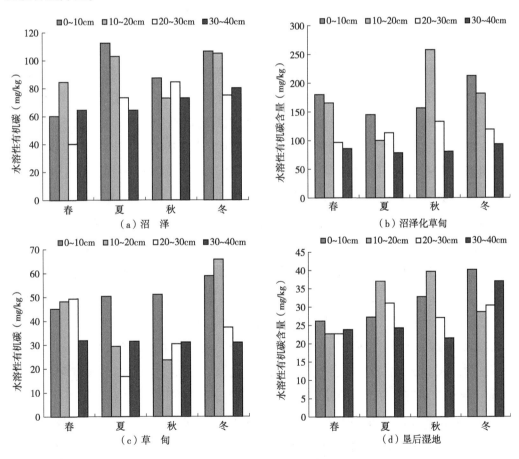

图4-10 纳帕海不同类型湿地土壤水溶性有机碳季节变化

（4）湿地土壤水溶性有机碳的时空特征分析

纳帕海湿地旱化演替对土壤水溶性有机碳的影响主要表现在水分、总有机碳和微生物量碳方面（$P < 0.01$）。由于湿地水分的缺失造成旱化演替后期的草甸和垦后湿地土

壤中有机碳库分解释放速率加快，减少了土壤有机质和微生物量碳的积累，造成水溶性有机碳下降。相关分析结果也同样佐证了土壤水溶性有机碳与水分、总有机碳和微生物量碳存在极显著的正相关关系，而这3个因子中水分的高低又决定着土壤总有机碳和微生物量碳含量的高低（表4-6）。因此，水分是湿地旱化演替对土壤水溶性有机碳影响的主导因子。

表4-6　纳帕海湿地可溶性碳组分之间的相关性分析

指　标	土壤容重	含水率	总有机碳	微生物量碳	水溶性有机碳
土壤容重		-0.77**	-0.76**	-0.50**	-0.73**
含水率	-0.77**		0.91**	0.67**	0.86**
总有机碳	-0.76**	0.91**		0.71**	0.90**
微生物量碳	-0.50**	0.67**	0.71**		0.71**
水溶性有机碳	-0.73**	0.86**	0.90**	0.71**	

注：$N=48$；**显著性水平为$P<0.01$。

纳帕海湿地旱化演替不同阶段的土壤水溶性有机碳之间存在显著差异（$P<0.01$），表现为含量随着旱化演替进程逐渐递减的规律。这与湿地旱化演替过程中各阶段植被的光合产物返还量大量减少有关，土壤中水溶性有机碳主要来源于近期光合产物（落叶、根系分泌物、腐烂的根）、土壤中老有机物质的淋溶或分解和土壤有机质的微生物过程。湿地土壤从沼泽变为沼泽化草甸的过程中地表水位从1~5m下降到5~20cm，促进了低矮湿生植物群落的发育，促进有机碳的大量积累，淋溶补充了大量土壤水溶性有机碳。随着旱化演替的推进，地表枯落物的量逐渐减少，加之土壤通透性增加，土温上升，枯落物迅速分解释放，真正腐解淋溶补充土壤的水溶性有机碳的量有限，造成演替后期土壤水溶性有机碳含量的下降。

垂直分布上的水溶性有机碳含量与旱化演替各阶段土壤地下生物量（植物根系）分布有关。地表水分丰富的原生沼泽和沼泽化草甸植被多为根系发达的多年生草本植物，地下根系能够分布到0~40cm土层，使得旱化演替前期0~40cm土层土壤水溶性有机碳含量递减性显著；而旱化演替后期由于受到水分的制约，植被多为一年生或二年生浅根系植物，根系分布较浅，只能达到0~20cm土层，使得演替后期的草甸和耕地0~20cm土层土壤水溶性有机碳差异显著，而20~40cm土层的含量无差异（图4-9）。张金波等（2005）的研究也表明了湿地土壤变为耕地过程中土壤水溶性有机碳含量明显降低，这种下降主要是由于湿地水位下降，土壤中残留有机质的稳定性和较低的植物生物量返还造成的。

4.1.1.5　湿地土壤重组与轻组有机碳的时空分布特征

（1）湿地土壤重组与轻组有机碳含量的空间分布特征

纳帕海不同类型湿地土壤各层的轻组有机碳含量显著高于重组有机碳含量（图4-

11）。沼泽、沼泽化草甸、草甸和垦后湿地土壤的轻组有机碳含量介于（105.32±11.44）g/kg ~（388.43±16.44）g/kg 之间，而其重组有机碳含量介于（15.84±0.33）g/kg ~（274.28±4.22）g/kg 之间；且湿地旱化演替对土壤轻组有机碳含量影响不大，而对土壤重组有机碳的影响较大，表现出与土壤总有机碳相似的变化规律，随着旱化演替进程的推进，土壤重组有机碳含量逐渐递减。无论是轻组还是重组有机碳含量旱化演替过程中的沼泽化草甸含量最高，可能与沼泽化草甸土壤碳库储量较高有关。

从轻组有机碳含量分布来看，0~40cm 土层整体呈现出沼泽化草甸>沼泽>垦后湿地>草甸的趋势，且沼泽和沼泽化草甸 0~40cm 土层轻组有机碳含量均在 300g/kg 以上，而草甸和垦后湿地的含量均小于 300g/kg。沼泽土壤轻组有机碳最高含量出现在 20~30cm 土层，为（307.37±11.64）g/kg，沼泽化草甸最高含量出现在 10~20cm 土层，为（388.43±16.44）g/kg，而草甸和垦后湿地的最高含量均出现在 0~10cm 土层，分别为（285.41±22.03）g/kg 和（271.77±16.05）g/kg，这表明了沼泽和沼泽化湿地生态环境良好，土壤中容易分解释放的轻组比较稳定，有机碳固存较好，草甸和垦后湿地由于旱化演替造成水分损失，地下水位较低，土壤温度较高，活性较高的轻组保存较差，固持的碳分解释放了，造成含量下降。

按土层来说，沼泽和沼泽化草甸 0~40cm 土层轻组有机碳含量表现出"∧"型变化，即 10~20cm 和 20~30cm 两层含量较高，0~10cm 与 30~40cm 两层含量稍低。草甸 0~40cm 土层轻组有机碳含量表现出随土层递增逐渐减小的趋势，可能与草甸土壤总有机碳储量低，加之缺少水分，轻组有机碳分解释放了有关。而垦后湿地由于翻耕、施肥等人为活动的长期干扰，0~40cm 土层土壤轻组有机碳含量比较稳定，均在 200g/kg 以上。

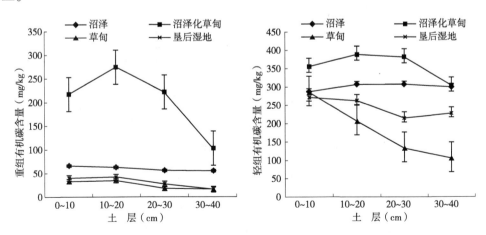

图4-11　纳帕海不同类型湿地土壤重组和轻租有机碳的空间分布特征

从纳帕海湿地土壤重组有机碳垂直分布来看，不同类型湿地土壤重组有机碳含量与土壤总有机碳基本一致，土壤层间的变化基本表现出"∧"型变化趋势，最高含量除了沼泽外均出现在 10~20cm 土层，沼泽化草甸、草甸和垦后湿地地最高含量分别为 (274.28±4.22)g/kg、(34.22±5.32)g/kg 和 (42.07±3.19)g/kg，而沼泽最高含量出现在 0~10m 的表层，为(66.01±1.71)g/kg。表明 0~10cm 表层土壤氧化程度较高，造成比较稳定(惰性碳库)的重组有机碳迁移转化。而其他层的土壤重组有机碳较稳定，但是受到土壤总有机碳含量的制约，因而表现出与土壤总有机碳一致的变化趋势即随着土层增加，重组有机碳含量依次递减。

(2)湿地表层土壤重组与轻组有机碳含量的变化特征

纳帕海不同类型湿地表层土壤重组和轻租有机碳含量如图 4-12 所示，纳帕海沼泽化草甸土壤表层轻组有机碳含量与沼泽、草甸和耕地之间存在差异($P<0.05$)，且表现为沼泽化草甸>沼泽>草甸>垦后湿地。草甸和垦后湿地表层轻组有机碳含量比沼泽分别减少了 1.68g/kg 和 15.32g/kg，比沼泽化草甸减少了 70.17g/kg 和 83.81g/kg，再一次表明气候变化和人为活动干扰造成的湿地旱化演替对湿地土壤表层影响较大，造成了旱化演替后期的草甸和垦后湿地土壤中活跃易分解的轻组有机碳的分解释放。

纳帕海不同类型湿地表层土壤重组有机碳含量的变化与轻组有机碳含量的变化有很大的差异。不同类型湿地表层重组有机碳含量表现为：沼泽化草甸(216.82g/kg)>沼泽(66.01g/kg)>垦后湿地(39.65g/kg)>草甸(32.49g/kg)，同样表现出随着旱化演替进程含量逐渐递减的趋势。

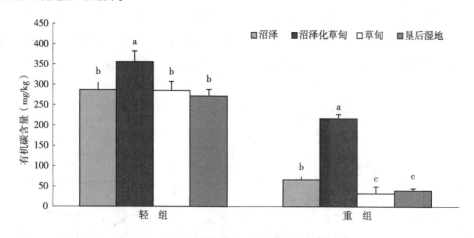

图 4-12 纳帕海不同类型湿地表层土壤重组和轻租有机碳的变化特征

(3)湿地土壤重组与轻组有机碳含量变化特征分析

由于纳帕海湿地旱化演替过程中湿地水位下降，改变土壤容重和含水量，而土壤容重和含水量又显著影响土壤总有机碳、微生物量碳、水溶性有机碳、重组和轻租有机碳(表 4-7)。因此，无论是土壤总有机碳还是土壤活性有机碳的各个组分都受到湿地旱化演替造成的水分条件和土壤容重改变的影响。

纳帕海不同类型湿地轻组有机碳含量在(105.32±11.44)g/kg~(388.43±16.44)g/kg

之间，而重组有机碳含量在(15.84±0.33)g/kg~(274.28±4.22)g/kg 之间，纳帕海湿地土壤轻组有机碳含量远远高于重组有机碳含量，且湿地旱化演替对土壤轻组分中的有机碳含量的影响并不明显。纳帕海不同类型湿地土壤重组有机碳含量有很大的差异，这与土壤轻组和重组自身的特性有关。土壤轻组为密度较小、颗粒状的未分解或半分解的植物根系和枯落物组成，是活性较高、周转较快的有机质(Post et al.，2000)，来源主要是由近年的植被凋落物来补充，因而，纳帕海不同类型湿地土壤轻组有机碳的含量较高且比较稳定。而土壤重组则是从轻组分中分离出的，结构较复杂，周转期较长的有机质(刘启明等，2001)，湿地旱化演替进程中有机质返还量逐渐减少，故而重组有机碳含量下降。这也解释了 0~10cm 土层土壤轻组有机碳沼泽化草甸含量最高，0~10cm 土层土壤重组有机碳含量存在巨大差异的原因。

由于纳帕海不同类型湿地的植被分布存在差异，地上生物量腐解补充了 0~10cm 土层土壤的有机碳，同时地下根系在 0~40cm 土层土壤的分布也存在差异，因而使得不同土层轻组有机碳含量表现出逐渐递减趋势。其中沼泽和沼泽化草甸 0~10cm 土层含量比 10~20cm 土层稍低，可能与地表水分的流动带走部分轻组有机碳有关。

表 4-7　纳帕海湿地土壤碳组分之间的相关性分析

指　标	土壤容重	含水率	总有机碳	微生物量碳	水溶性有机碳	轻组有机碳	重组有机碳
土壤容重	1	-0.77**	-0.76**	-0.50**	-0.73**	-0.81**	-0.74**
含　水　率	-0.77**	1	0.91**	0.67**	0.86**	0.75**	0.88**
总有机碳	-0.76**	0.91**	1	0.71**	0.90**	0.77**	0.98**
微生物量碳	-0.50**	0.67**	0.71**	1	0.71**	0.54**	0.64**
水溶性有机碳	-0.73**	0.86**	0.90**	0.71**	1	0.73**	0.87**
轻组有机碳	-0.81**	0.75**	0.77**	0.54**	0.73**	1	0.78**
重组有机碳	-0.74**	0.88**	0.98**	0.64**	0.87**	0.78**	1

注：$N=48$；**显著性水平为 $P<0.01$。

4.1.2　湿地土壤氮时空分布特征

4.1.2.1　湿地土壤氮的水平分布

不同水位梯度下的沼泽、沼泽化草甸、草甸和垦后湿地土壤中各形态氮含量的分布情况见表 4-8。从表中可以看出，4 种湿地 TN 在 0~10cm 土层上表现为：沼泽化草甸>沼泽>草甸>垦后湿地。在 NO_3^-—N 和 NH_4^+—N 的含量 0~10cm 土层上表现为：垦后湿地>草甸>沼泽>沼泽化草甸。与之相比，在 10~20cm 及以下土层上土壤 TN 均为垦后湿地>草甸。NH_4^+—N 含量在各土层上均表现为垦后湿地>草甸>沼泽>沼泽化草甸。而 0~10cm、10~20cm 土层 NH_4^+—N 的含量则是：草甸>垦后湿地>沼泽>沼泽化草甸。NH_4^+—N 的含量在 20~30cm、30~40cm 土层表现为：垦后湿地>草甸>沼泽化草甸>沼泽。总的来说，沼泽、沼泽化草甸、草甸和垦后湿地土壤，NO_3^-—N 和 NH_4^+—N 在各土层的含量均约占 TN 含量的 1%~4%，NO_3^-—N 和 NH_4^+—N 的含量分布状况基本上反映了硝化与反硝化作用情况。同时可以看出了沼泽土壤的 NO_3^-—N 和 NH_4^+—N 均较沼泽草甸和草甸土壤含量低，而人为干扰较强的垦后湿地土壤 NH_4^+—N 和 NO_3^-—N 含量均较高。比较而言，在土壤水位较高，土壤过湿条件下的沼泽化草甸和沼泽，土壤 NO_3^-—N 和 NH_4^+—N 的含量变化不大，并且含量也相对较低。但是随通气性增加，草甸和垦后湿地，尤其是垦后湿地土壤的 NO_3^-—N 和 NH_4^+—N 呈现大幅度的递增。湿地土壤氮素表现出的这种分布情况，有利于氮素在湿地土壤中的存储。但不同类型的湿地土壤氮含量和分布存在差异，这种差异受到了养分的分布空间异质性的影响，还受到地貌条件、水文条件、土壤质地状况和生物过程等众多因素的共同影响。

表 4-8　纳帕海不同类型湿地土壤氮的水平分布

湿地类型	土层(cm)	含　量		
		TN(g/kg)	NO_3^-—N(mg/kg)	NH_4^+—N(mg/kg)
沼　泽	0~10	54.19	13.50	34.39
	10~20	55.70	13.62	34.73
	20~30	42.47	11.05	28.74
	30~40	40.63	10.54	27.50
沼泽化草甸	0~10	126.28	11.65	31.08
	10~20	145.99	11.86	32.94
	20~30	93.33	8.25	23.16
	30~40	46.86	5.41	14.78
草　甸	0~10	35.82	20.91	58.64
	10~20	21.70	18.11	49.91
	20~30	14.80	10.53	30.06
	30~40	14.32	10.47	28.69
垦后湿地	0~10	27.53	22.4684	45.181
	10~20	25.11	21.0904	42.768
	20~30	25.10	21.056	42.174
	30~40	19.68	19.8032	40.059

4.1.2.2　湿地土壤氮的垂直分布

沼泽、沼泽化草甸、草甸和垦后湿地土壤 TN 含量的垂直分布如图 4-13 所示。0~

100cm 土层，草甸和垦后湿地土壤 TN 含量均低于沼泽和沼泽化草甸土壤。0~40cm 土层，土壤 TN 含量表现为沼泽化草甸>沼泽；40~80cm 土层，土壤 TN 含量表现没有明显变化规律；80~100cm 土层，土壤 TN 含量仍然表现为沼泽化草甸>沼泽。0~20cm，草甸土壤 TN 含量大于垦后湿地，20~60cm，垦后湿地土壤 TN 含量大于草甸，在60~100cm，草甸和垦后湿地土壤 TN 含量无显著差异。据表 4-2 可知，0~40cm 土层，草甸和垦后湿地土壤 NO_3^-—N 和 NH_4^+—N 的含量均随土壤深度增加而逐渐减小。0~40cm 土层，沼泽和沼泽化草甸土壤 NO_3^-—N 和 NH_4^+—N 的含量垂直分布趋势一致，均表现为：10~20cm>0~10cm>20~30cm>30~40cm。

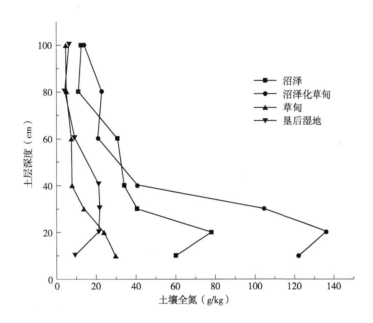

图 4-13　纳帕海不同类型湿地土壤全氮含量的垂直分布

整个生长季，沼泽、沼泽化草甸、草甸和垦后湿地土壤 TN、NO_3^-—N 和 NH_4^+—N 的垂直变异性见表 4-9，据表 4-9 可知，在植物整个生长季沼泽、沼泽化草甸、草甸和垦后湿地土壤 TN 的平均值分别为 48247.5mg/kg、103115mg/kg、21660mg/kg、24355mg/kg，表现为：沼泽化草甸>沼泽>垦后湿地>草甸。垂直变异性则表现为：草甸>沼泽化草甸>垦后湿地>沼泽。沼泽、沼泽化草甸、草甸和垦后湿地土壤中的 NO_3^-—N 平均值分别为：12.18mg/kg、9.29mg/kg、15.00mg/kg、21.10mg/kg，垦后湿地>草甸>沼泽>沼泽化草甸。垂直变异性表现为：草甸>沼泽化草甸>垦后湿地>沼泽。沼泽、沼泽化草甸、草甸和垦后湿地土壤中 NH_4^+—N 的平均值分别为：31.34mg/kg、25.49mg/kg、41.83mg/kg、42.55mg/kg，垦后湿地>草甸>沼泽>沼泽化草甸。垂直变异性表现为：沼泽化草甸>草甸>沼泽>垦后湿地。

表4-9　纳帕海不同类型湿地土壤氮的垂直变异性

湿地类型	指　标	TN	$NO_3^-—N$	$NH_4^+—N$
沼　泽	平均值(mg/kg)	48247.50	12.18	31.34
	标准差(mg/kg)	9371.11	2.47	8.39
	变异系数(%)	13.19	5.21	6.18
沼泽化草甸	平均值(mg/kg)	103115.00	9.29	25.49
	标准差(mg/kg)	20634.49	1.87	6.15
	变异系数(%)	28.14	7.69	19.11
草　甸	平均值(mg/kg)	21660.00	15.00	41.83
	标准差(mg/kg)	4269.64	3.41	9.13
	变异系数(%)	38.22	19.56	11.53
垦后湿地	平均值(mg/kg)	24355.00	21.10	42.55
	标准差(mg/kg)	4824.32	7.94	9.68
	变异系数(%)	22.71	4.32	5.42

4.1.2.3　湿地土壤氮季节动态

(1)湿地土壤 $NO_3^-—N$ 含量的季节变化特征

不同水位梯度沼泽、沼泽化草甸、草甸和垦后湿地土壤 $NO_3^-—N$ 含量的季节变化，如图4-14所示，垦后湿地土壤 $NO_3^-—N$ 含量自5月(20.94mg/kg)开始逐渐降低，在7月达到最小值16.02mg/kg，然后又逐渐增加，9月达到24.54mg/kg，11月继续增加至28.42mg/kg。草甸土壤 $NO_3^-—N$ 的含量自5月(27.88mg/kg)开始逐渐降低，5至11月一直在下降，到11月达到最低值14.36mg/kg。沼泽化草甸土壤 $NO_3^-—N$ 含量自5月(13.96mg/kg)开始逐渐降低，于7月下降到最低值10.17mg/kg，而后又逐渐增加，9月达到最高值18.32mg/kg，11月又降至11.45mg/kg。沼泽湿地土壤的 $NO_3^-—N$ 含量自5月(12.96mg/kg)开始逐渐降低，于7月达到最低值7.93mg/kg，而后又逐渐增加，9月达到最高值15.45mg/kg，11月降至10.08mg/kg。总的来说，沼泽和沼泽化草甸土壤中 $NO_3^-—N$ 含量的季节变化趋势相似，植物生长初期 $NO_3^-—N$ 含量较高，随着时间的推移，含量逐渐较少，并于植物生长末期达到较高值。$NO_3^-—N$ 作为可被植物直接吸收利用的矿质氮，很难被土壤吸附而造成淋失，所以湿地土壤中 $NO_3^-—N$ 含量除与植物吸收有关外，还受大气氮沉降、土壤结构以及水文条件等因素的影响。湿地土壤中 $NO_3^-—N$ 含量的季节变化特征可能主要与植物吸收、大气氮沉降以及 $NO_3^-—N$ 的垂直淋失等因素有关。由于草甸水位较低，5月份土壤温度相对较低，土壤的较深土层还处于刚刚解冻不久的状态，此时温度开始回暖状态下一般不利于 $NO_3^-—N$ 的垂直淋失，所以使得其在5月份具有较高的 $NO_3^-—N$ 含量。之后，随着温度的升高，冻层的逐渐融化以及雨季和湿地植物生长高峰的到来，湿地土壤的 NO_3^-—N 除部分被植物吸收以外，还有相当一大部分被淋失至土壤的深层，由此导致其 NO_3^-—N 含量逐渐下降。7 月以后，随着降水量的减少以及植物成熟期的来临，植物 NO_3^-—N 的吸收量以及垂直淋失量的均明显下降，由此就会导致其含量又呈增加趋势。与草甸相比，5 月沼泽和沼泽化草甸土壤水热条件相对较好，有利于 NO_3^-—N 的垂直淋失，导致了其土壤在 5 月份 NO_3^-—N 的含量不高。之后，随着温度的升高，降水量的增加以及植物吸收作用的增强，其 NO_3^-—N 含量一直不高并且无较大波动。7 月末以后，其表层土壤的 NO_3^-—N 含量呈增加趋势。这种变化可能与降水减少导致的水分条件相对较差以及植物的成熟对 NO_3^-—N 吸收利用作用的减弱有关。

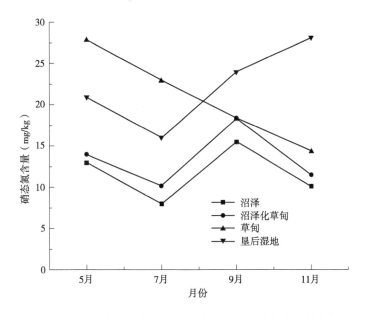

图 4-14　纳帕海不同类型湿地土壤 NO_3^-—N 含量的季节变化

（2）湿地土壤 NH_4^+—N 含量的季节变化特征

沼泽、沼泽化草甸、草甸和垦后湿地土壤 NH_4^+—N 含量的季节变化如图 4-15 所示。从图 4-16 可知，草甸土壤 NH_4^+—N 含量在 5~9 月的整体变化呈倒"V"型，然后减小至 11 月份，分别在 9 月和 11 月达最大值和最小值（69.87mg/kg 和 39.93mg/kg）。垦后湿地土壤的 NH_4^+—N 含量在 5~9 月的整体变化呈倒"V"型，之后一直减小至 11 月份，并于 11 月达到最小值（39.29mg/kg）。与之相比，沼泽化草甸土壤的 NH_4^+—N 含量在 5~9 月整体呈一条直线，9 月以后开始降低，在 11 月达到最小值（22.96mg/kg）；沼泽湿地土壤的 NH_4^+—N 含量在 5~9 月呈"V"型变化，9 月之后迅速减小，并于 5 月份和 11 月份分别达到最大值和最小值（49.87mg/kg 和 13.50mg/kg）。总体来看，沼泽、沼泽化草甸、草甸和垦后湿地土壤的 NH_4^+—N 含量均表现为 5、7 月含量较高，7、9 月含量上下波动。7、9 月由于气温处在较高水平，有利于土壤有机氮的矿化，湿地中积累的氮素得以释放，使湿地土壤中的 NH_4^+—N 含量升高。同时 7~9 月植物处于生长旺期，需从土壤中吸收大量的有效态氮素来满足其生长需要，尽管此期间的气温较高，土壤有机氮的矿化加快，但由于植物生长对氮的需求量较大，结果还是导致土壤中 NH_4^+—N 含量的降低。9~11 月由于气温下降，有机氮的矿化强度也随之减弱，在此期间湿地土壤中的 NH_4^+—N 含量又开始降低。另外，还因为 NH_4^+—N 是植物可直接吸收利用的有效态氮，易被土壤吸附而不易造成淋失，因此其在季节变化特征的差异的大小受到植物根系吸收积累的能力、土壤吸附能力以及有机氮矿化的强度等因素的影响。相比较而言，尽管 4 种不同水位梯度下湿地类型土壤 NH_4^+—N 含量的季节变化特征具有一定的共性，但仍存在较大的差异，其原因除了与上述的一些因素有关外，还与四者所处的湿地水文状况、土壤的结构以及其植物本身对 NH_4^+—N 吸附的差异有关。

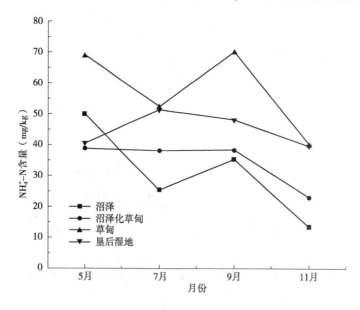

图 4-15　纳帕海不同类型湿地土壤 NH_4^+—N 含量的季节变化

（3）湿地土壤全氮含量的季节变化特征

如图 4-16 所示，不同水位梯度下各湿地类型各层土壤 TN 的季节变化变化存在很大的差异，垦后湿地和草甸 5 月到 7 月各土层的 TN 都在减小；沼泽化草甸除下层 30~40cm 土层减小外，其他土层均增加；沼泽由于上层的受到水文扰动，而最下层向下淋溶损失，其中间两个土层增加而上下土层减小。7 月到 9 月垦后湿地除下层 30~40cm 外，其他土层的 TN 含量都在增加，这是由于垦后湿地的在作物生长期耕作层施入了一定量的氮肥的缘故；草甸则由于植物根系的大量利用中间两土层氮素使其 TN 下降，而 0~10cm、30~40cm 分别由于凋落物的分解和中间层的淋溶获得了氮素，TN 含量增加，沼泽化草甸上两层由于氮素的溶解和植物的利用而下降，下两层由于上层氮素的沉积和土壤中多年植物残留物的分解归还，*TN* 含量一直在稳定的增加，在此时段与沼泽化草甸不同的是沼泽，其 10~20cm 土层的 *TN* 含量是在增加，这是由于两种湿地类型处于不同的水位，其处环境存在差异，沼泽湿地的水位较沼泽化草甸高，因而 10~20cm 土层通透性更差，受上层水的流动干扰较小，在此条件下 *TN* 含量的积累大于流失，所以 *TN* 含量在增加。9 月到 11 月垦后湿地由于植物的利用，根系分布也主要集中在土层 10~20cm，*TN* 含量下降，其他土层因氮素的沉降和植物残留物的分解 *TN* 含量增加。草甸由于根系主要分布在 0~10cm，植物的利用使得其表层土壤 *TN* 含量下降。

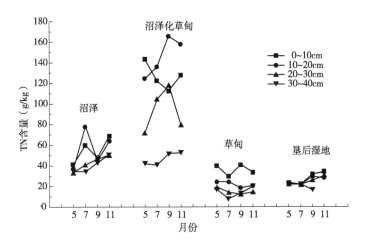

图 4-16　纳帕海不同类型湿地土壤 *TN* 含量的季节变化

4.3　湿地土壤碳氮储量

4.3.1　土壤碳氮储量的计算方法

（1）土壤碳储量计算方法

单位面积一定深度范围内土壤有机碳、全氮储量的计算公式：

$$T_c = \sum_{i=1}^{n} (C_i \times d_i) \times 10^{-1} \tag{4-1}$$

式中　T_c ——单位面积一定深度范围内土壤有机碳储量，t/hm²；

　　　C_i ——土壤有机碳密度，kg/m³；

　　　d_i ——第 i 层土壤厚度，cm；

　　　n ——土层数；

　　　10^{-1} ——换算系数。

（2）土壤氮储量计算方法

湿地土壤剖面第 i 层氮储量(R_{ni})为对应土层氮的含量(R_i)、土壤容重(d_{vi})与土层

厚度(h_i)的乘积,即:

$$R_{ni} = d_{vi} \times R_i \times h_i / 10 \qquad (4-2)$$

在单位面积一定的剖面深度范围内(第 j 到 n 层)土壤的氮库总储量(R_n)为第 j 到第 n 层氮储量的和,即:

$$R_{ni} = \sum_{i=j}^{n} R_{vi} = \sum_{i=j}^{n} d_{vi} \times R_i \times h_i / 10 \qquad (4-3)$$

式中,R_n、R_{ni} 的单位是 kg/m^2,d_{vi} 的单位是 g/cm^3,R_i 的单位是%,h_i 的单位是 cm。

4.3.2 湿地土壤容重分布特征

沼泽、沼泽化草甸、草甸和垦后湿地土壤 0~80cm 容重差异显著($P<0.05$),80~100cm 容重没有显著差异($P>0.05$)(图 4-17)。沼泽和沼泽化草甸土壤容重差异不大($P>0.05$),0~40cm 土壤容重较低为在 0.294~0.716g/cm³ 之间,40~80cm 土壤容重迅速增加到 0.942g/cm³ 以上,80~100cm 稳定在 1.3~1.5g/cm³ 之间;草甸和垦后湿地土壤容重差异不大($P>0.05$),0~40cm 土壤容重呈上升趋势,在 1.35~1.65g/cm³ 之间,40~80cm 土壤容重呈下降趋势,在 1.14~1.52g/cm³ 之间,80~100cm 稳定在 1.29~1.39g/cm³ 之间。图 4-17 可以看出,0~60cm 草甸土壤容重明显高于沼泽和沼泽化草甸($P<0.05$),0~80cm 垦后湿地土壤容重明显高于沼泽和沼泽化草甸($P<0.05$)。80~100cm 不同类型湿地土壤容重没有明显差异。这说明草甸和垦后湿地土壤容重整体高于沼泽和沼泽化草甸,随着水位下降,土壤容重增加。

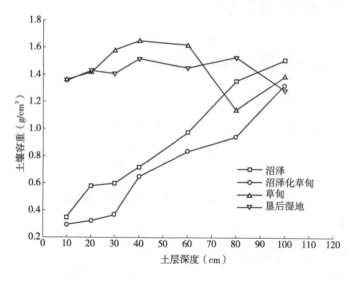

图 4-17 纳帕海不同类型湿地土壤容重分布特征

4.3.3 湿地土壤碳储量估算

沼泽、沼泽化草甸、草甸和垦后湿地土壤单位面积总有机碳储量明显不同

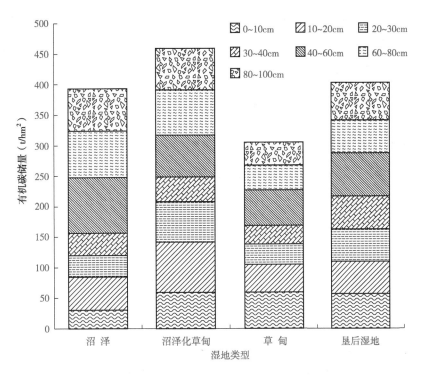

图 4-18　纳帕海不同类型湿地土壤有机碳储量特征

(图 4-18)。0~10cm 沼泽、沼泽化草甸、草甸和垦后湿地土壤总有机碳储量分别为：31.07t/hm²、59.79t/hm²、59.28t/hm²、56.67 t/hm²；10~20cm 分别为：53.28t/hm²、82.24t/hm²、45.33t/hm²、5.72 t/hm²；20~30cm 分别为：35.35t/hm²、66.49t/hm²、34.10t/hm²、52.82t/hm²；30~40cm 分别为：37.75t/hm²、40.59t/hm²、30.4t/hm²、53.52t/hm²；40~60cm 分别为：90.80t/hm²、68.15t/hm²、57.75t/hm²、70.57t/hm²；60~80cm 分别为：75.97t/hm²、74.28t/hm²、41.90t/hm²、54.52t/hm²；80~100cm 分别为：69.32t/hm²、67.26t/hm²、36.95t/hm²、60.72t/hm²；1m 深度以内土壤总有机碳储量分别为：393.53t/hm²、458.81t/hm²、305.78t/hm²、402.52t/hm²，表现为：沼泽化草甸>垦后湿地>沼泽>草甸。沼泽化草甸土壤总有机碳储量最高。以上研究结果表明，在高原地区，沼泽化草甸具有巨大的碳储存功能，碳储量明显高于沼泽、草甸和垦后湿地。在人类活动和气候变化影响下，沼泽和沼泽化草甸进一步旱化演替为草甸，原来储存在沼泽和沼泽化草甸土壤中的有机碳会以 CO_2 和 CH_4 的形式释放出来，加剧温室效应，影响区域乃至全球气候变化。

纳帕海湿地沼泽、沼泽化草甸和草甸 1m 深度以内有机碳储量分别为 393.53t/hm²、458.81t/hm²、305.78t/hm²，与三江平原(小叶章沼泽草甸土壤有机碳储量 $1.44×10^4$t/km² 和毛果薹草沼泽土壤有机碳储量 $4.22×10^4$t/km²)和若尔盖湿地(泥炭土有机碳储量 $3.67×10^4$t/km²、腐殖泥炭土有机碳储量 $3.56×10^4$t/km² 和腐殖土有机碳储量 $1.34×10^4$t/km²)1m 深度内土壤有机碳储量相比较(张文菊等，2004)，纳帕海湿地有机碳储量远远高于若尔盖高原湿地和三江平原湿地,且纳帕海沼泽化草甸的储碳能力最强。但是随着湿地旱化演替的进程,有机碳密度大幅下降,因而保护纳帕海高原湿地良好生态环境及其修复退化湿地极为必要。

4.3.4 湿地土壤氮储量估算

4.3.4.1 不同类型湿地土壤氮储量特征

纳帕海沼泽、沼泽化草甸、草甸和垦后湿地 0~100cm 土壤中氮储量特征如图 4-19 所示。0~10cm 土层氮储量表现为草甸>沼泽化草甸>沼泽>垦后湿地,10~20cm 土层氮储量表现为沼泽化草甸>沼泽>草甸>垦后湿地,20~30cm 土层氮储量表现为:沼泽化草甸>垦后湿地>沼泽>草甸,30~40cm 土层氮储量表现为:垦后湿地>沼泽化草甸>沼泽>草甸,40~60cm 土层氮储量表现为:沼泽>沼泽化草甸>垦后湿地>草甸,60~100cm 土层氮储量表现为:沼泽化草甸>沼泽>垦后湿地>草甸。1m 深度以内沼泽、沼泽化草甸、草甸和垦后湿地土壤总氮储量分别为:178.03t/hm²、196.98t/hm²、136.76t/hm²、133.26 t/hm²,表现为:沼泽化草甸>沼泽>草甸>垦后湿地。沼泽化草甸土壤总氮储量最高,其次为沼泽土壤。以上研究结果表明,在高原地区,沼泽和沼泽化草甸湿地具有较大的氮储存功能,氮储量明显高于草甸和垦后湿地。在人类活动和气候变化影响下,沼泽和沼泽化草甸进一步旱化演替为草甸后被排干开垦为耕地,原来储存在沼泽和沼泽化草甸土壤中的氮可能会以含氮气体的形式释放出来。而 N_2O 作为一种含氮气体,又是重要的温室气体之一,必将加剧温室效应,影响区域乃至全球气候变化。

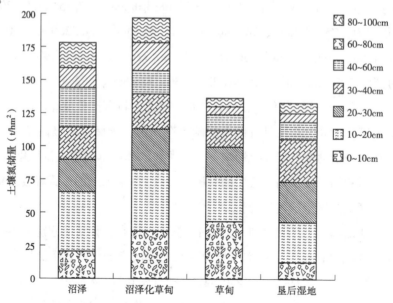

图 4-19　纳帕海不同类型湿地土壤氮储量特征

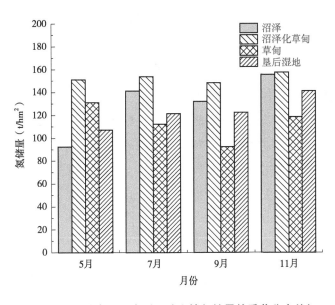

图 4-20　纳帕海不同类型湿地土壤氮储量的季节分布特征

4.3.4.2　不同类型湿地土壤氮储量季节动态

纳帕海沼泽、沼泽化草甸、草甸和垦后湿地 0~40cm 土壤中氮储量的季节变化如图 4-20 所示。5 月 4 种不同水位梯度湿地类型的土壤储累量表现为：沼泽化草甸>草甸>垦后湿地>沼泽。草甸分布于湿地边缘，水位相对较低，不利于氮素在深层土壤中的淋失和脱氮过程的进行，另外草甸的植物从土壤获取的氮素相对其他水位梯度湿地类型植物要少，所以草甸的土壤氮储量相对较高，仅次于沼泽化草甸。垦后湿地水位低于草甸，但由于人们不断从土壤上收获作物，虽有施肥，但年复一年的氮输出使得土壤氮储量降低，所以在 5 月低于草甸土壤氮储量。本区域沼泽湿地属于淤泥质沼泽，土壤养分含量较低，虽然常年淹水，长期处于厌氧环境之下，利于氮素的积累，但其土壤氮储量仍然非常低。沼泽化草甸属于季节性淹水湿地，经常性地表积水或土壤过饱和，利于植物生长，土壤养分含量很高，而且水位很高，不利于氮素深层淋失和脱氮过程的进行。所以沼泽化草甸土壤氮储量很高。随着温度的升高，微生物的活性增强，分解作用加强，加快了多年凋落物的分解的归还速率，7 月份 4 种不同水位梯度湿地类型除草甸土壤外其他湿地氮储量都增加了，草甸由于在此时期湿地植物生长迅速，土壤氮素输出大于积累。相反由于此时水热条件适宜沼泽化草甸土壤中的微生物分解速率较快，并且由于其植物多年凋落物的积累量也较丰富，积累远远大于输出，氮素的储量增加最快，7 月 4 种水位梯度类植物类型湿地土壤氮储量表现为：沼泽化草甸>沼泽>垦后湿地>草甸。随着湿地植物进入生长旺盛期，到 9 月份时湿地土壤氮输出也随着增加，除垦后湿地以外，其他湿地类型土壤的氮储量均减少，垦后湿地由于其植物单一，生物的组成也相对简单，对氮素的利用就相对较少，另外还加上施入了一定氮肥，所以垦后湿地土壤氮储量非但没有减少反而略微有所增加。9 月 4 种水位梯度类植物类型湿地土壤氮储量表现为：沼泽化草甸>沼泽>垦后湿地>草甸。到 11 月份温度下降，植物停止生长，使得土壤氮素的输出量减小，而土壤的氮储过程还在持续。所以不同水位梯度下 4 种湿地类型土壤氮的积累量均增加。11 月份土壤氮储量与 9 月份表现一致：沼泽化草甸>沼泽>垦后湿地>草甸。

　　总体来说，不同水位梯度下各湿地类型的土壤氮储量差异可能主要是水文条件影响。草甸由于其位于湿地边缘地势相对较高，因此不利于氮素在土壤深层的淋失和脱氮的进行。湿地土壤氮的储量就相对较高。当然，水位较低的土壤氮储量还受到其他因素的综合影响，其氮储量还受化学过程、生物过程、物理过程以及成土母质因素等影响。

第5章

湿地土壤碳氮迁移转化特征

5.1 湿地土壤碳的积累与释放

5.1.1 湿地土壤有机碳的积累

纳帕海湿地旱化演替进程中土壤有机碳积累量（即植物固碳量）的计算采用差值法，计算结果见表 5-1。纳帕海湿地从沼泽到沼泽化草甸过程有机碳积累量增加了 $0.02kg/m^2$，而从沼泽到草甸和垦后湿地的旱化过程中植物有机碳积累量分别减少了 $0.12kg/m^2$ 和 $0.23kg/m^2$，从沼泽化草甸到草甸和垦后湿地的旱化过程植物有机碳的积累量也分别减少了 $0.14kg/m^2$ 和 $0.25kg/m^2$，同样从草甸到垦后湿地的旱化过程植物有机碳积累量下降了 $0.11kg/m^2$，表明纳帕海湿地旱化演替过程导致湿地植物固碳能力下降，且表现为旱化过程越长，下降的量越多，使得补充土壤碳库的有机碳量减少，土壤碳库趋于分解释放。

表 5-1 纳帕海湿地土壤有机碳积累量的计算结果

旱化演替过程		旱化过程损失的固碳量（kg/m^2）
开　始	终　止	—
沼　泽	沼泽化草甸	-0.02
沼　泽	草　甸	0.12
沼　泽	垦后湿地	0.23
沼泽化草甸	草　甸	0.14
沼泽化草甸	垦后湿地	0.25
草　甸	垦后湿地	0.11

5.1.2 湿地土壤有机碳的释放

纳帕海湿地旱化演替进程中的土壤有机碳释放量的计算同样采用差减法，计算结果见表 5-2。湿地旱化演替进程中从沼泽、沼泽化草甸到草甸和垦后湿地过程土壤有机碳储量明显下降，且从沼泽化草甸到草甸和垦后湿地的过程下降的有机碳储量更多，阐释了纳帕海湿地旱化演替进程造成土壤有机碳库的分解释放。其中从沼泽到沼泽化草甸和从草甸到垦后湿地的过程中有机碳储量显著增加，增加量分别为 $2.82t/hm^2$ 和 $0.17t/hm^2$，可能是沼泽到沼泽化草甸过程中湿地地表水位下降，促进了地上植物旺盛生长，较高的地上生物量凋落造成沼泽化草甸植物腐殖质的积累，同时也可能与沼泽由于地上水位较深，流水带走了大量地表凋落物和水溶性有机碳颗粒物有关；而由于垦后湿地每年人为施用大量的圈肥补充了大量有机碳，造成从草甸到垦后湿地旱化演替过程土壤有机碳的积累。

表 5-2　纳帕海湿地土壤有机碳释放量的计算结果

旱化演替过程		旱化过程损失的碳储量(t/hm^2)
开　始	终　止	—
沼　泽	沼泽化草甸	-2.82
沼　泽	草　甸	1.18
沼　泽	垦后湿地	1.00
沼泽化草甸	草　甸	3.99
沼泽化草甸	垦后湿地	3.82
草　甸	垦后湿地	-0.17

5.1.3　湿地土壤有机碳积累与释放的影响因素分析

纳帕海湿地旱化演替对湿地土壤有机碳积累与释放的影响因素相关性分析见表5-3。分析了水位、盖度、物种组成、株高与土壤碳储量和植物固碳量之间的相关关系，水位与株高（$R=0.98$、$P<0.05$）和植物固碳量（$R=0.94$、$P<0.05$）均呈显著相关关系，株高与植物固碳量（$R=0.91$、$P<0.05$）和植物固碳量与土壤有机碳储量（$R=0.69$、$P<0.05$）均呈显著相关关系。通过分析发现，水位、植株高度和土壤有机碳储量是影响植物固碳量的主要因素。同时，水位深度变化决定着植株的高度和土壤有机碳的储量，因此，湿地水位下降造成了土壤有机碳积累作用的削弱。

表 5-3　旱化演替对土壤有机碳积累的影响因素分析

指　标	水　位	盖　度	种类组成	株　高	土壤碳储量	植物固碳量
水　位	1.00	0.03	-0.24	0.98*	0.57	0.94*
盖　度	0.03	1.00	0.67	-0.03	0.59	0.37
种类组成	-0.24	0.67	1.00	-0.14	-0.16	0.05
株　高	0.98*	-0.03	-0.14	1.00	0.41	0.91*
土壤碳储量	0.57	0.59	-0.16	0.41	1.00	0.69*
植物固碳量	0.94*	0.37	0.05	0.91*	0.69*	1.00

注：* 显著性水平 $P<0.05$。

纳帕海湿地旱化演替进程对土壤有机碳的释放作用影响主要表现在土壤水分方面，由于人为活动的强烈影响，加速了纳帕海湿地水分的流失，旱化演替过程从沼泽的地表水深 1~5m 下降到 5~20cm 的沼泽化草甸，再进一步旱化，草甸和垦后湿地地表无积水，地下水位下降到 1.5m 左右，土壤中的水分只有毛管孔隙固持的部分，随着温度上升，使得土壤有机碳库分解释放。相关性分析也佐证了旱化演替造成湿地土壤有机碳库分解释放（表 5-4），土壤总有机碳、土壤重组、水溶性有机碳、土壤轻组和微生物量碳均与土壤水分存在极显著的正相关关系（$P<0.01$）。

表 5-4　纳帕海湿地土壤有机碳释放的影响因素分析

指　标	土壤容重	含水率	总有机碳	微生物量碳	水溶性有机碳	轻　组	重　组
土壤容重		-0.77**	-0.76**	-0.50**	-0.73**	-0.81**	-0.74**
含水率	-0.77**		0.91**	0.67**	0.86**	0.75**	0.88**
总有机碳	-0.76**	0.91**		0.71**	0.90**	0.77**	0.98**
微生物量碳	-0.50**	0.67**	0.71**		0.71**	0.54**	0.64**
水溶性有机碳	-0.73**	0.86**	0.90**	0.71**		0.73**	0.87**
轻　组	-0.81**	0.75**	0.77**	0.54**	0.73**		0.78**
重　组	-0.74**	0.88**	0.98**	0.64**	0.87**	0.78**	

注：** 显著性水平 $P<0.01$。

纳帕海湿地旱化演替过程是一个漫长的生态演变过程，受到很多因素的影响。主要表现在两个方面：区域性的气候变化和人为因素。

首先，从区域性气候变化来看，从 1958 年有记录开始至今（表 5-5），香格里拉 1990 年的降水量比 1958 年增加了 196.8mm，平均每十年增加 65.6mm；而 1990 年的温度则比 1958 年增加了 0.3℃，平均每十年增加了 0.1℃，温度增加的幅度比较缓慢，与这期间香格里拉地区经济社会比较落后，自然环境保护的比较良好有一定关系。

表 5-5　纳帕海降水量及温度变化情况

年　份	年降水量（mm）	年平均温度（℃）
1958 年	546.5	5.6
1990 年	743.3	5.9
2008 年	776.9	6.7

从 20 世纪 90 年代开始，香格里拉进入快速发展阶段，到了 2008 年，该区域降水量增加到 776.9mm，温度显著上升，年平均温度达到 6.7℃。近二十年的时间内温度上升了 0.8℃，使得纳帕海湿地水分蒸发量急剧增加，造成了湿地水位下降，导致旱化演替。其次，自 20 世纪 90 年代以来，地区经济社会飞速发展，城乡基础设施建设面积不断拓展，机场建设、环湖公路建设、纳帕海通村土路改造、入湖河流的渠化改造、落水洞疏通工

程以及城区建设占地等项目的实施，减少了土壤水分入渗和湿地积水面积，进一步加剧了纳帕海湿地斑块破碎化，加之开沟排水、挖沙取土、堆磊旅游步道、过度放牧等人为活动干扰造成湿地水分的过快损失，植被类型从水生向着旱生发展，土壤碳库稳定性下降，土壤质量退化，使得纳帕海湿地面积从 1994 年的 3912.5hm² 减少到 2006 年的 3255.7hm²，建设用地面积从 967hm² 增加到 2025hm²，湿地损失率多达 16.8%。

综合来说，水分损失就是纳帕海湿地旱化演替的驱动力，而开沟排水等人为活动是湿地旱化演替的加速器。

5.2 湿地土壤氮的迁移转化特征

氮是植物生长必不可少的大量营养元素之一，是湿地生态系统中最重要的限制养分，其含量高低直接影响湿地生态系统的初级生产力。湿地土壤中可被植物直接吸收利用的氮素不足土壤全氮的 2%（白军红等，2006），95% 以上氮素以有机氮的形式存在（郭雪莲，2008），不能直接被植物吸收利用，需要经过微生物的矿化作用将其转化为 NH_4^+—N 和 NO_3^-—N 等形式的有效氮（Lang et al.，2010）。土壤氮素的矿化作用作为氮循环的重要过程之一，与微生物活动、植物养分吸收、反硝化过程和氮固定等有着密切联系（Bannert et al.，2011；Geurts et al.，2010），影响湿地土壤氮的有效性，最终影响湿地生态系统初级生产。此外，湿地土壤硝化—反硝化作用是导致含氮气体（N_2、NO、N_2O）损失的重要途径。而 N_2O 是一种温室气体，其对全球变暖的贡献是二氧化碳的 298 倍。可见，湿地生态系统氮的迁移转化过程不仅可以影响系统自身的调节机制，而且其在地球表层系统中所表现出来的特殊动力学过程也与一系列全球环境问题息息相关。而这一系列全球环境问题的产生又会对湿地生态系统的演化、湿地物种的分布以及湿地生物多样性等产生深远的影响。因此，研究湿地土壤氮的迁移转化及其影响因素对于了解湿地系统氮素循环具有重要意义。

5.2.1 湿地土壤环境因子变化特征

纳帕海不同类型湿地土壤环境因子的季节变化特征见表 5-6。5 月和 11 月，沼泽、沼泽化草甸、草甸和垦后湿地土壤地温差异不显著（$P>0.05$）；7 月和 9 月土壤地温表现为沼泽化草甸和沼泽显著高于草甸和垦后湿地（$P<0.05$）。5、7、9、11 月，纳帕海不同类型湿地土壤含水率均表现为沼泽化草甸最高，沼泽和沼泽化草甸土壤含水率均显著高于草甸和垦后湿地（$P<0.05$）。5、7、9、11 月，纳帕海不同类型湿地土壤容重均表现为草甸和垦后湿地显著高于沼泽和沼泽化草甸（$P<0.05$）。5、7、9、11 月，纳帕海不同类型湿地土壤有机碳和全氮含量均表现为沼

泽化草甸湿地最高（$P<0.05$），沼泽和沼泽化草甸土壤有机碳和全氮含量均高于草甸和垦后湿地。

纳帕海沼泽、沼泽化草甸、草甸和垦后湿地土壤地温均表现为7月和9月显著高于5月和11月；沼泽和沼泽化草甸湿地土壤地温5月和11月、7月和9月差异均不显著；草甸土壤地温7月和9月差异不显著，5月和11月差异显著；垦后湿地土壤地温5月和11月、7月和9月均差异显著。沼泽湿地土壤含水率表现为5月和11月显著高于7月和9月，沼泽化草甸土壤含水率表现为：9月>11月>5月>7月，草甸和垦后湿地土壤含水率则表现为9月显著高于5、7、11月。沼泽湿地土壤容重表现为11月显著低于5、7、9月，沼泽化草甸土壤容重表现为7月最高，9月最低，草甸和垦后湿地土壤容重则表现为7月显著高于5、9、11月。沼泽土壤有机碳含量表现为7月和11月显著高于5月和9月，沼泽化草甸土壤有机碳含量表现为5月和11月显著高于7月和9月，草甸土壤有机碳含量各月份差异不显著，垦后湿地土壤有机碳含量表现为5月最低，9月最高。沼泽土壤全氮含量各月份差异显著，5月含量最低，9月含量最高。沼泽化草甸和草甸土壤全氮含量各月份差异均不显著，垦后湿地土壤全氮含量则表现为9月和11月显著高于5月和7月。

表5-6　纳帕海湿地土壤环境因子季节变化

环境因子	湿地类型	月　份			
		5月	7月	9月	11月
地温 （℃）	沼　泽	13.67+2.08Ba	19.90+1.83Aab	19.95+1.48Aa	11.67+2.08Ba
	沼泽化草甸	15.00+2.65Ba	21.90+3.57Aa	20.26+2.18Aa	13.67+2.08Ba
	草　甸	12.27+1.07Ca	16.79+0.57Ab	14.79+0.56Bb	11.00+1.00Ca
	垦后湿地	12.97+0.31Ca	17.13+0.44Ab	15.09+0.64Bb	11.84+0.65Da
含水率 （%）	沼　泽	66.58+4.41Ab	56.36+1.91Bb	63.20+6.46ABb	65.51+1.11Ab
	沼泽化草甸	75.64+1.04Ba	66.32+3.11Ca	84.31+3.53Aa	77.14+1.26Ba
	草　甸	12.37+0.23Bc	11.00+0.83Bc	27.35+0.93Ac	12.51+1.82Bc
	垦后湿地	14.60+2.44Bc	11.55+1.98Bc	26.19+1.95Ac	13.29+4.54Bc
容重 （g/cm³）	沼　泽	0.32+0.02Ac	0.35+0.01Ab	0.35+0.06Ab	0.25+0.01Bb
	沼泽化草甸	0.24+0.01Bc	0.33+0.03Ab	0.16+0.04Cc	0.23+0.02Bb
	草　甸	1.21+0.10ABb	1.38+0.04Aa	1.12+0.11Ba	1.23+0.11ABa
	垦后湿地	1.08+0.05Ba	1.35+0.04Aa	1.08+0.04Ba	1.11+0.18Ba
有机碳 （g/kg）	沼　泽	51.19+1.88Bb	89.28+3.01Ab	61.19+0.77Bb	91.10+12.43Ab
	沼泽化草甸	243.41+0.54Aa	209.12+38.10ABa	183.57+38.24Ba	248.19+10.80Aa
	草　甸	40.78+2.55Ad	31.63+13.12Ac	42.65+7.23Ab	43.23+1.22Ac
	垦后湿地	23.73+1.40Cc	43.34+2.89Bc	43.26+6.86Bb	53.61+3.30Ac

（续）

环境因子	湿地类型	月　份			
		5 月	7 月	9 月	11 月
全氮 （g/kg）	沼　泽	41.11+0.30Db	59.86+0.85Bb	47.63+0.29Cb	65.88+2.59Ab
	沼泽化草甸	141.83+1.35Aa	125.18+5.46Aa	128.90+29.05Aa	136.80+18.49Aa
	草　甸	34.54+9.00Ab	26.82+2.84Ad	32.68+13.55Ab	26.84+6.40Ac
	垦后湿地	23.06+0.94Bc	16.02+6.04Cc	31.11+1.12Ab	30.56+3.11Ac

注：不同大写字母表示不同月份之间差异显著；不同小写字母表示不同湿地类型之间差异显著。

5.2.2　湿地土壤无机氮含量变化特征

纳帕海不同类型湿地土壤中无机氮含量的季节动态如图 5-1 所示。纳帕海湿地 0～10cm 土壤无机氮（NH_4^+—N + NO_3^-—N）总量平均值大小为沼泽（110.95mg/kg）>沼泽化草甸（92.99mg/kg）>垦后湿地（68.35mg/kg）>草甸（64.38mg/kg）。NH_4^+—N 为沼泽、沼泽化草甸土壤中无机氮的主要存在形式，其含量占总无机氮含量的比例分别为 96.76%、75.24%。NO_3^-—N 为草甸和垦后湿地土壤中无机氮的主要存在形式，其含量占总无机氮含量的比例分别为 58.77% 和 62.80%。

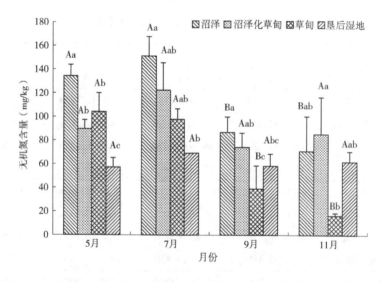

图 5-1　纳帕海不同类型湿地土壤无机氮含量的季节动态

（不同大写字母表示不同月份之间差异显著，不同小写字母表示不同湿地类型之间差异显著）

5 月和 7 月，纳帕海不同类型湿地土壤无机氮含量表现为沼泽湿地最高，垦后湿地最低，沼泽化草甸和草甸无显著差异。9 月，纳帕海不同类型湿地土壤无机氮含量表现为沼泽湿地最高，草甸最低。11 月，纳帕海不同类型湿地土壤无机氮含量表现为沼泽化草甸湿地最高，草甸最低，沼泽和垦后湿地没有显著差异。沼泽湿地和草甸土壤无机氮含量均表现为 5 月和 7 月显著高于 9 月和 11 月，沼泽化草甸和垦后湿地土壤无机氮含量均表现为 5、7、9、11 月之间无显著差异。纳帕海不同类型湿地土壤无机氮含量的季节变化幅度不同，沼泽湿地土壤为 53.03%，沼泽化草甸土壤为 39.38%，草甸土壤 84.30%，垦后湿地土壤为 17.28%。

纳帕海不同类型湿地土壤中 NH_4^+—N 含量的季节动态如图 5-2 所示。纳帕海湿地 0~10cm 土壤 NH_4^+—N 含量平均值大小为：沼泽（107.36mg/kg）>沼泽化草甸（69.97mg/kg）>草甸（26.54mg/kg）>垦后湿地（22.98mg/kg）。5、7、9 月，纳帕海不同类型湿地土壤 NH_4^+—N 含量均表现为：沼泽>沼泽化草甸>草甸>垦后湿地，11 月则表现为：沼泽化草甸>沼泽>垦后湿地>草甸。整个生长季节，沼泽和沼泽化草甸土壤 NH_4^+—N 含量均显著高于草甸和垦后湿地土壤。沼泽土壤 NH_4^+—N 含量表现为 5 月和 7 月显著高于 9 月和 11 月；沼泽化草甸土壤 NH_4^+—N 含量各月份差异不显著；草甸土壤 NH_4^+—N 含量表现为 9 月最高，11 月最低；垦后湿地土壤 NH_4^+—N 含量表现为 9 月显著高于 5 月和 11 月。纳帕海不同类型湿地土壤 NH_4^+—N 含量的季节变化幅度不同，沼泽湿地土壤为 54.04%，沼泽化草甸湿地土壤为 19.5%，草甸土壤为 58.52%，垦后湿地土壤为 42.09%。

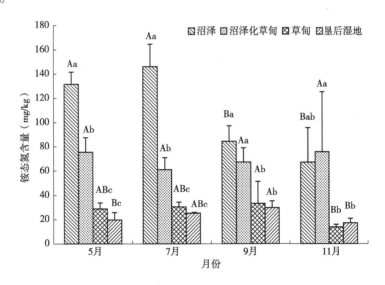

图 5-2　纳帕海不同类型湿地土壤铵态氮含量的季节动态

（不同大写字母表示不同月份之间差异显著，不同小写字母表示不同湿地类型之间差异显著）

纳帕海不同类型湿地土壤 NO_3^-—N 含量季节动态如图 5-3 所示。纳帕海湿地 0~10cm 土壤 NO_3^-—N 含量平均值大小为：垦后湿地（38.79mg/kg）>草甸（37.83mg/kg）>沼泽化草甸（23.02mg/kg）>沼泽（3.59mg/kg）。5 月，纳帕海不同类型湿地土壤 NO_3^-—N 含量表现为草甸和垦后湿地显著高于沼泽化草甸和沼泽；7 月，纳帕海不同类型湿地土壤 NO_3^-—N 含量表现为草甸和沼泽化草甸显著高于垦后湿地和沼泽；9 月和 11 月，纳帕海不同类型湿地土壤 NO_3^-—N 含量均表现为垦后湿地显著高于沼泽、沼泽化草甸和草甸。沼泽湿地土壤 NO_3^-—N

含量均表现为 7 月显著高于 5 月和 9 月，沼泽化草甸土壤 NO_3^-—N 含量均表现为 7 月显著高于 9 月和 11 月，草甸土壤 NO_3^-—N 含量均表现为 5 月和 7 月显著高于 9 月和 11 月，垦后湿地土壤 NO_3^-—N 含量均表现为 7 月显著高于 9 月和 11 月。纳帕海不同类型湿地土壤 NO_3^-—N 含量的季节变化幅度不同，沼泽湿地土壤为 52.32%，沼泽化草甸湿地土壤为 88.75%，草甸土壤为 96.60%，垦后湿地土壤为 35.98%。

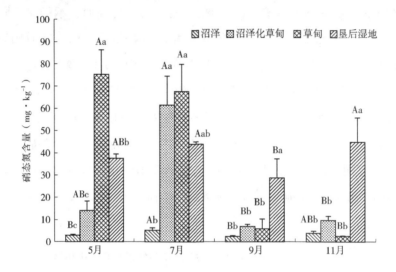

图 5-3　纳帕海湿地土壤中硝态氮含量的季节动态

(不同大写字母表示不同月份之间差异显著，不同小写字母表示不同湿地类型之间差异显著)

5.2.3　湿地土壤氮矿化特征

纳帕海不同类型湿地土壤氮的矿化特征如图 5-4 所示。沼泽、沼泽化草甸、草甸

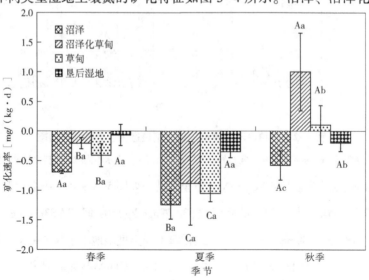

图 5-4　纳帕海湿地土壤矿化速率的季节变化特征

(不同大写字母表示不同月份之间差异显著，不同小写字母表示不同湿地类型之间差异显著)

和垦后湿地土壤氮矿化特征存在差异，沼泽和垦后湿地土壤氮的净矿化速率在整个生长季均为负值，而沼泽化草甸和草甸土壤在春节（5~7 月）和夏季（7~9 月）均为负值，秋季（9~11 月）为正值。沼泽湿地土壤氮净矿化速率表现为夏季显著低于春季和秋季（$P<0.05$），沼泽化草甸和草甸土壤氮净矿化速率表现为秋季>春季>夏季（$P<0.05$），垦后湿地土壤氮净矿化速率表现为各季节无显著差异（$P>0.05$）。

　　春季和夏季，纳帕海不同类型湿地土壤氮的净矿化速率表现为垦后湿地>草甸>沼泽化草甸>沼泽，但 4 种类型湿地之间差异不显著。秋季，纳帕海不同类型湿地土壤氮的净矿化速率表现为：沼泽化草甸>草甸>垦后湿地>沼泽，沼泽化草甸显著高于草甸、垦后湿地和沼泽。整个生长季，沼泽和草甸土壤氮矿化为硝化作用，NH_4^+—N 向 NO_3^-—N 转化；而沼泽化草甸土壤氮矿化为氨化作用。

　　纳帕海不同类型湿地土壤氨化速率季节变化特征如图 5-5 所示。沼泽、沼泽化草甸、草甸和垦后湿地土壤氨化特征存在差异，沼泽和草甸土壤氨化速率在整个生长季均为负值，沼泽土壤氨化速率表现为夏季显著高于春季和秋季（$P<0.05$），草甸土壤氨化速率各季节差异不显著（$P>0.05$）。而沼泽化草甸土壤氨化速率在春季和夏季是负值，秋季为正值，且表现为秋季>夏季>春季（$P<0.05$）。垦后湿地土壤氨化速率在春季和夏季为正值，秋季为负值，且表现为夏季>春季>秋季（$P<0.05$）。

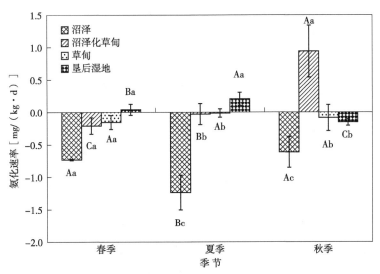

图 5-5　纳帕海湿地土壤氮氨化速率的季节变化特征

（不同大写字母表示不同月份之间差异显著，不同小写字母表示不同湿地类型之间差异显著）

　　春季和夏季，纳帕海不同类型湿地土壤氨化速率均表现为：垦后湿地>草甸>沼泽化草甸>沼泽。春季，沼泽、沼泽化草甸、草甸和垦后湿地土壤氨化速率差异不显著（$P>0.05$）。夏季，垦后湿地土壤氨化速率显著高于沼泽、沼泽化草甸和草甸（$P<0.05$），且沼泽化草甸和草甸土壤氨化速率显著高于沼泽（$P<0.05$）。秋季，纳帕海不

同类型湿地土壤氨化速率表现为：沼泽化草甸>草甸>垦后湿地>沼泽，沼泽化草甸显著高于沼泽、草甸和垦后湿地（$P<0.05$），且草甸和垦后湿地显著高于沼泽（$P<0.05$）。

纳帕海不同类型湿地土壤硝化速率季节变化特征如图 5-6 所示。沼泽、沼泽化草甸、草甸和垦后湿地土壤硝化特征存在差异，垦后湿地土壤硝化速率在整个生长季均为负值，且表现为：秋季>春季>夏季（$P<0.05$）。沼泽和沼泽化草甸土壤硝化速率均表现为春季和秋季为正值，夏季为负值，且各季节差异不显著（$P>0.05$）。草甸土壤硝化速率表现为春季和夏季为负值，秋季为正值，且表现为：秋季>春季>夏季（$P<0.05$）。

春季，纳帕海不同类型湿地土壤硝化速率表现为沼泽和沼泽化草甸显著高于草甸和垦后湿地（$P<0.05$）。夏季和秋季，纳帕海沼泽、沼泽化草甸、草甸和垦后湿地土壤硝化速率差异不显著（$P>0.05$）。

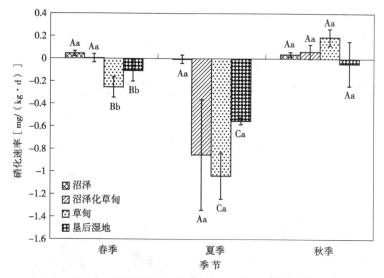

图 5-6　纳帕海湿地土壤硝化速率的季节变化特征

（不同大写字母表示不同月份之间差异显著，不同小写字母表示不同湿地类型之间差异显著）

5.2.4　湿地土壤反硝化特征

纳帕海不同类型湿地土壤反硝化速率及其季节变化如图 5-7 所示。整个生长季，沼泽、沼泽化草甸、草甸和垦后湿地土壤反硝化速率差异均不显著（$P>0.05$）。5 月份表现为：垦后湿地>沼泽化草甸>草甸>沼泽，7 月份表现为沼泽化草甸>沼泽>草甸>垦后湿地，9 月份表现为：垦后湿地>草甸>沼泽化草甸>沼泽，11 月份表现为：垦后湿地>沼泽化草甸>草甸>沼泽。草甸土壤反硝化速率季节差异不显著（$P>0.05$），沼泽、沼泽化草甸和垦后湿地土壤反硝化速率季节差异显著（$P<0.05$）。沼泽湿地土壤反硝化速率表现为：7 月>5 月>11 月>9 月，沼泽化草甸和草甸土壤反硝化速率均表现为：7 月>5 月>9 月>11 月，垦后湿地土壤反硝化速率表现为：5 月>7 月>9 月>11 月。5 月和 7 月沼泽化草甸土壤反硝化速率显著高于草甸土壤($P<0.05$)。

　　沼泽化草甸土壤反硝化速率高于草甸土壤。沼泽化草甸向草甸演替过程中，土壤水分、有机碳和总氮含量都显著降低，导致土壤反硝化速也大幅度下降。因此，土壤水分、有机碳和总氮含量是导致土壤反硝化速率显著差异的主要原因。NO_3^-—N 与土壤含水量($R^2=-0.44$，$P=0.16$)、有机碳含量($R^2=-0.30$，$P=0.35$)和总氮含量 ($R^2=-0.33$，$P=0.29$)成显著负相关关系，与反硝化速率($R^2=0.67$，$P=0.02$)呈显著正相关关系。这说明土壤湿度、有机碳和总氮含量在调控土壤氮的有效性方面发挥重要作用，而 NO_3^-—N 含量的变化又显著影响土壤的反硝化速率。垦后湿地地土壤虽然土壤含水量低，但 NO_3^-—N 含量很高，主要是因为每年有大量的肥料施入垦后湿地土壤所致。NO_3^-—N 含量是导致垦后湿地土壤反硝化速率高的主要原因($R^2=0.44$，$P=0.24$)。

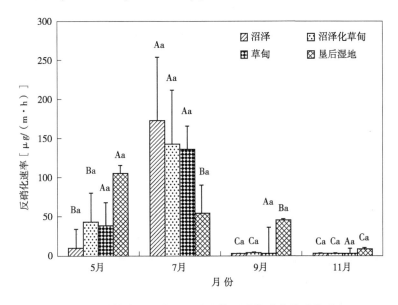

图 5-7　纳帕海不同类型湿地土壤反硝化速率的季节动态

(不同大写字母表示不同月份之间差异显著，不同小写字母表示不同湿地类型之间差异显著)

5.2.5　湿地土壤氮转化与土壤环境的关系

　　纳帕海不同类型土壤氮转化特征与土壤环境因子的相关关系见表 5-7。土壤氮矿化速率与土壤无机氮含量呈极显著负相关关系($P<0.01$)，与 NH_4^+—N 含量呈显著负相关关系($P<0.05$)。土壤氨化速率与土壤无机氮和 NH_4^+—N 含量均呈极显著负相关关系($P<0.01$)。土壤硝化速率与土壤 NO_3^-—N 含量均呈极显著负相关关系($P<0.01$)。土壤反硝化速率与土壤地温、无机氮和 NO_3^-—N 含量均呈极显著正相关关系($P<0.01$)，与 NH_4^+—N 含量呈显著正相关关系($P<0.05$)。可见，土壤地温、NH_4^+—N、NO_3^-—N 含量

均对纳帕海湿地土壤氮的转化产生显著影响。

表 5-7 纳帕海湿地土壤氮转化速率与土壤环境因子的相关性

速 率	地温	含水率	土壤容重	有机碳	全氮	NH_4^+-N	NO_3^--N	无机氮
矿化速率	-0.127	0.147	-0.055	0.190	0.257	-0.336 *	-0.258	-0.624 * *
氨化速率	0.047	-0.066	0.194	0.215	0.256	-0.613 * *	0.258	-0.562 * *
硝化速率	-0.240	0.297	-0.324	0.006	0.052	0.283	-0.695 * *	-0.196
反硝化速率	0.368 * *	0.035	-0.069	0.031	0.071	0.313 *	0.485 * *	0.477 * *

注：* $P<0.05$；* * $P<0.01$。

5~7 月和 7~9 月，纳帕海沼泽、沼泽化草甸和草甸土壤净氮矿化速率在均为负值，土壤无机氮向有机氮转化，系统净消耗无机氮。这可能由于植物处于快速生长阶段，植物大量吸收无机氮，土壤无机氮减少，表现为固持状态。9~11 月，沼泽湿地土壤净氮矿化速率在均为负值，而沼泽化草甸和草甸土壤净氮矿化速率均为正值。即，沼泽湿地土壤无机氮向有机氮转化，系统净消耗无机氮；而沼泽化草甸和草甸土壤有机氮向无机氮转化，无机氮为净积累。这可能与土壤环境有关。沼泽湿地地表常年积水，土壤水分过饱和，土壤透气性差，导致厌氧微生物和反硝化细菌生长活跃，部分无机氮以气体形式散失，由反硝化作用引起的氮损失可能是导致净氮矿化速率出现负值的主要原因。相比而言，沼泽化草甸和草甸土壤透气性好，有利于好氧微生物和硝化细菌生长，促进了土壤氮的矿化。植物生长期内，纳帕海湿地土壤的净氮矿化速率表现为：沼泽化草甸>草甸>沼泽。说明干湿交替的土壤环境更利于土壤氮矿化作用的进行，土壤中氮素有效性和维持植物可利用氮素的能力更强。

土壤氮矿化作用与土壤环境密切相关，土壤的氮矿化速率受土壤水热条件（Noe et al.，2013）、养分条件（Vernimmen et al.，2007）、微生物（Sparrius et al.，2013）等因素综合影响。Kader et al.（2013）研究表明土壤氮矿化速率与矿质氮含量呈负相关。本研究发现沼泽、沼泽化草甸和草甸土壤的氮矿化速率均与土壤的矿质氮含量呈显著负相关。这表明土壤中存在一个控制氮矿化的反馈机制，即较高的矿质氮初始值限制了土壤氮矿化。这种关系随土壤水分含量而变化，当土壤水分较充足时上述关系明显，而水分含量较低时不太明显，原因是低水分限制了土壤氮矿化（Haramoto et al.，2012）。本研究也表明土壤水分含量对沼泽、沼泽化草甸和草甸土壤的氮矿化均产生显著影响。Kader et al.（2013）研究表明厌氧环境下，土壤氮矿化速率与培养前土壤有机质含量呈负相关关系。本研究中，沼泽和沼泽化草甸常年或季节性淹水，土壤透气性差，处于厌氧环境，其土壤氮矿化速率与培养前有机质含量呈负相关关系。而草甸土壤透气性好，处于有氧环境，其土壤氮矿化速率与培养前有机质含量呈正相关关系。可见，土壤有机质含量对氮矿化作用的影响受土壤透气性的制约。

第6章

湿地植物碳氮的积累特征

6.1 生物量季节动态特征

6.1.1 地上生物量季节动态

纳帕海沼泽、沼泽化草甸、草甸和垦后湿地植物地上生物量的季节变化存在较大差异(图6-1)。沼泽、沼泽化草甸和草甸植物的地上生物量的季节变化均呈单峰型生长曲线,而垦后湿地的地上生物量随季节变化总体上呈现上升趋势。沼泽、沼泽化草甸、草甸和垦后湿地植物的地上生物量在 5 月植物生长季开始均较低,分别为131.38g/m²、190.54g/m²、144.49g/m² 及213.00g/m²,垦后湿地 5 月地上生物量明显高于沼泽、沼泽化草甸和草甸。沼泽和草甸地上生物量在 7 月份均达到最高值195.60g/m²及228.49g/m²,而沼泽化草甸地上生物量最高值出现在9月,为325.12g/m²,沼泽化草甸植物地上生物量明显高于沼泽和草甸,而垦后湿地地上生物量在9月略低于7月。11月沼泽、

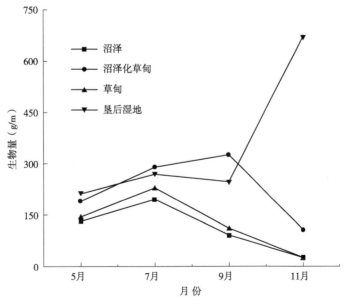

图6-1 纳帕海不同类型湿地植物地上生物量季节变化

沼泽化草甸和草甸地上生物量均出现最低值25.36g/m²、105.87g/m²及92.64g/m²，而垦后湿地地上生物量在11月明显高于沼泽、沼泽化草甸和草甸，达到最高值669.91g/m²。4月植物开始返青，随着气温、地温在水分条件的改善，沼泽、沼泽化草甸和草甸地上生物量逐渐增加，沼泽、草甸于7月份达到最高值，而9月份随着秋季的来临，气温和地温降低，植物光合能力减弱且渐趋衰老，地上部分营养物质向地下转移，导致沼泽及草甸地上生物量日趋减少。沼泽、沼泽化草甸和草甸湿地地上生物量这种单峰型的生长曲线与当地最高气温出现在7月及纳帕海降水集中6~8月的变化趋势相同，说明沼泽、沼泽化草甸和草甸植物的生长节律均与该区域气候的特点相适应。沼泽化草甸最高值出现在9月，晚于沼泽和草甸，这可能是由于沼泽化草甸季节性淹水的环境仍然能为其生物量积累提供充足的可利用的营养物质，所以其生物量停止增长的时间晚于沼泽和草甸。垦后湿地地上生物量总体上呈现上升趋势，可能是垦后湿地植物作为农作物，不仅受施肥等人类活动影响，并且人们在种植时也选择全年温度、降水最适期让其生长。所以垦后湿地植物地上生物量增长快，峰值最高。9~11月沼泽、沼泽化草甸和草甸均出现下降趋势，其中沼泽化草甸下降幅度最大，达到67.44%，而垦后湿地在这段时间内增加了63.13%。

6.1.2 地下生物量季节动态

地下生物量，指植物体地面以下部分的重量（以干重表示）。沼泽、沼泽化草甸、草甸和垦后湿地植物地下生物量季节变化存在较大差异（图6-2）。总体来看，沼泽地下生物量呈现下降趋势而沼泽化草甸、草甸和垦后湿地均呈现增加趋势。沼泽地下生

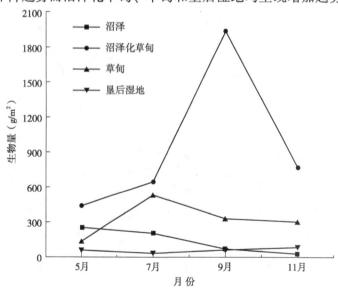

图6-2 纳帕海不同类型湿地植物地下生物量季节变化

物量最高值出现在 5 月，达到 250.59g/m²，而最低值出现在 11 月，为 27.96g/m²。沼泽化草甸和草甸地下生物量最低值均出现在 5 月，分别为 437.50g/m² 及 133.51g/m²，沼泽化草甸地下生物量于 9 月达到最高值 1931.33g/m²，而草甸于 7 月达到最高值 527.63g/m²。垦后湿地地下生物量最低值出现在 7 月，为 33.63g/m²，而最高值出现在 11 月，为 82.93g/m²。

　　沼泽化草甸和草甸地下生物量在 5~7 月明显增长，增幅达到 32.16% 及 74.7%，这与地上生物量变化趋势一致，可能由于随着气温和地温升高，沼泽化草甸和草甸植物生长加速，养分向地下部分转移有关。而沼泽和垦后湿地地下生物量呈现下降趋势，这可能由于沼泽和垦后湿地植物比沼泽化草甸和草甸生长需要更多的养分，降低了养分向地下部分转移。7 月后，沼泽和草甸地下生物量呈现下降趋势，其中沼泽下降幅度最明显，降幅达到 65.67%，垦后湿地地下生物量呈现上升趋势。沼泽化草甸地下生物量呈现明显上升然后降低的趋势，其中 7~9 月增加了 66.61%，而 9~11 月降低了 60.49%，这与沼泽化草甸植物发达的根系在 7~9 月由于地上部分生长导致养分积累从而促进了根系生长有关，而 9 月以后，随着气温降低，植物生长速度减慢，部分根系死亡，从而导致生物量下降。

6.1.3　总生物量的季节动态

　　纳帕海沼泽、沼泽化草甸、草甸和垦后湿地植物年生物总量存在明显差异（表 6-1）。不同类型湿地植物年生物总量表现为沼泽化草甸最高，达到 2256.45g/m²，草甸、垦后湿地次之，而沼泽最低，为 446.19g/m²。垦后湿地具有最高的地下最大生物量（669.91g/m²），而沼泽化草甸具有最高的地下最大生物量（1931.33g/m²）。沼泽的总生物量、地上最大生物量及地下最大生物量均低于沼泽化草甸和草甸，可能由于沼泽含水量较高、土壤通气性差，在一定程度上抑制了植物生长。垦后湿地具有最低的地下最大生物量，仅为 82.93g/m²，这与垦后湿地植物以农作物为主，具有较高的地上生物量，而地下部分生物量较低有一定关系。

表 6-1　纳帕海不同类型湿地植物年生物总量的分布

湿地类型	地上最大生物量（g/m²）	对湿地碳库贡献率（%）	地下最大生物量（g/m²）	对湿地碳库贡献率（%）	年生物总量（g/m²）
沼泽	195.60	43.84	250.59	56.16	446.19
沼泽化草甸	325.12	14.41	1931.33	85.59	2256.45
草甸	228.49	30.22	527.63	69.78	756.12
垦后湿地	669.91	—	82.93	—	752.84

从地上、地下生物量对湿地碳库的贡献率来看，沼泽、沼泽化草甸和草甸地上最大生物量对湿地碳库的贡献率较低，均低于50%，沼泽、沼泽化草甸和草甸地下最大生物量对湿地碳库的贡献率均高于50%。垦后湿地植被为农作物，收割后地上部分带离生态系统，故而对湿地碳库贡献率低。

6.1.4　枯落物的季节动态

纳帕海沼泽、沼泽化草甸、草甸和垦后湿地植物生长过程中枯死部分并不直接落到地表，而主要以立枯的形式存在，凋落物层中仅包含很小比例的当年枯死植物体。所以，本文中的枯落物量主要是指立枯物量。图6-3为沼泽、沼泽化草甸、草甸和垦后湿地植物生长季内枯落物产量的动态变化曲线。由图6-3可知，沼泽、沼泽化草甸、草甸和垦后湿地的枯落物量整体上均随生长季的延长而逐渐增加。生长初期，沼泽、沼泽化草甸、草甸和垦后湿地枯落物产生量均很低，分别仅为：（4.58±0.61）g/m²、（5.12±0.65）g/m²、（7.29±0.65）g/m²、（3.33±0.13）g/m²。

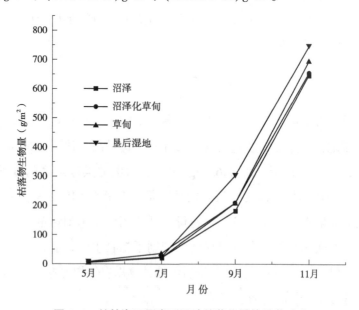

图6-3　纳帕海不同类型湿地枯落物量的季节动态

至生长季末，由于秋季的来临和温度的降低，沼泽、沼泽化草甸、草甸和垦后湿地的枯落物量均迅速增加，并于11月份达到最大值，分别为：（646.06±73.11）g/m²、（654.86±13.51）g/m²、（692.86±13.50）g/m²、（746.69±52.63）g/m²。比较而言，7月前，4种湿地的枯落物量表现为：草甸>沼泽化草甸>沼泽>垦后湿地，之后发生分异，并最终表现为：垦后湿地>草甸>沼泽化草甸>沼泽，但其差异并未达到显著水平（$P>0.05$）。回归分析结果表明，沼泽、沼泽化草甸、草甸和垦后湿地枯落物量（y）随时间（t）的变化均符合指数增长模型（表6-2）。

表 6-2　纳帕海不同类型湿地枯落物量随时间变化的指数增长模型

湿地类型	模拟模型	R^2	P
沼　泽	$y = 0.9453e^{1.6728x}$	0.9935	<0.01
沼泽化草甸	$y = 1.1786e^{1.6406x}$	0.9856	<0.01
草　甸	$y = 1.9148e^{1.5145x}$	0.9897	<0.01
垦后湿地	$y = 0.4928e^{1.9149x}$	0.9648	<0.01

枯死率是单位面积上的枯落物单位时间的增加量。反映了植物在不同生长时期衰老的程度，公式为：

$$V = \frac{N_{j+1} - N_j}{t_{j+1} - t_j} \tag{6-1}$$

式中　V——枯死率；

N_j、N_{j+1}——分别代表 t_j、t_{j+1} 时的枯落物枯死的量。

由上式可计算出不同水位梯度下沼泽、沼泽化草甸、草甸和垦后湿地在不同植物不同生长阶段枯落物产生的速率见表 6-3，4 种湿地类型枯落物枯死速率在整个生长季可分为 3 个阶段。

（1）缓慢增长阶段

沼泽、沼泽化草甸、草甸和垦后湿地的枯落物从无到有，由于最初种子萌发生叶片的干枯，枯死率缓慢增长。此阶段，4 种湿地类型的植物枯死率为 0.382g/（m²·d）、0.493g/（m²·d）、0.675g/（m²·d）、0.217g/（m²·d）。

（2）快速增长阶段

沼泽、沼泽化草甸、草甸和垦后湿地植物的生长逐渐进入旺盛。此阶段因秋季来临，温度的下降，植物地上部分光合作用减弱并植株趋于衰老，所以枯死速率较快增加。此阶段，4 种湿地类型植物枯死率分别是 2.548g/（m²·d）、3.110g/（m²·d）、2.712g/（m²·d）、4.738g/（m²·d）。

（3）迅速增长阶段

进入秋季温度的迅速下降，沼泽、沼泽化草甸、草甸和垦后湿地的植株均快速衰老，致使其枯死率迅速增长。此期间，加上霜降，4 种湿地类型植物地上的部分基本枯死呈现立枯状或枯落归还到湿地，此时 4 种湿地类型枯死率的增加很迅速，值增加到 7.761g/（m²·d）、7.226g/（m²·d）、8.039g/（m²·d）、7.432g/（m²·d）。

表 6-3　不同类型湿地植物枯死速率的季节变化

湿地类型	植物枯死速率[g/(m² · d)]		
	缓慢增长阶段	快速增长阶段	迅速增长阶段
沼泽	0.382	2.548	7.761
沼泽化草甸	0.493	3.110	7.226
草甸	0.675	2.712	8.039
垦后湿地	0.217	4.738	7.432

6.2　植物碳积累与分配的季节动态

6.2.1　植物碳含量的季节变化

纳帕海沼泽、沼泽化草甸、草甸和垦后湿地植物地上部分碳含量季节变化如图6-4所示。草甸和沼泽植物地上部分碳含量呈现先降低后增加的趋势，9月达到最低值282.39g/kg及390.77g/kg，而沼泽化草甸植物地上部分碳含量呈现先增加后趋于平缓的趋势，这可能由于沼泽和草甸与沼泽化草甸植物生长的环境因素和自身组织结构的不同，导致地上部分碳含量变化趋势存在一定差异。5月不同类型湿地植物地上部分碳含量表现为沼泽和沼泽化草甸略高于草甸，此外，沼泽化草甸地上部分碳含量在9月和11月均高于5月，这是因为沼泽化草甸在生长前期植物生长需要一定的碳进行光合作用，导致地上部分碳含量降低。此外，草甸、沼泽化草甸和沼泽植物地上部分碳含量于11月达到最高值497.02g/kg、424.53g/kg及462.24g/kg。与沼泽和沼泽化草甸相比，草甸植物地上部分碳含量在9月后迅速增加，增幅达到43.08%。若以碳含量表示

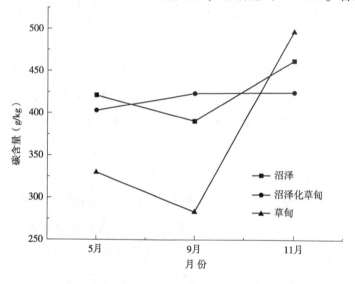

图6-4　纳帕海不同类型湿地植物地上部分碳含量的季节变化

三者地上部分碳利用状况，则碳含量越高，利用率越低，说明草甸在9月之前碳利用高于沼泽及沼泽化草甸，而9月以后沼泽化草甸碳利用高于沼泽及草甸，特别到11月，不同类型湿地植物地上部分碳利用率表现为沼泽化草甸最高，沼泽次之，草甸最低，这可能与3种类型湿地植被物种组成的差异有一定关系。

沼泽和沼泽化草甸地下部分碳含量随季节变化均呈增加趋势，地下部分碳含量最低值均出现在5月，分别为354.87g/kg和426.89g/kg，而11月达到峰值441.02g/kg和514.27g/kg，且所有月份沼泽化草甸均高于沼泽(图6-5)，这与沼泽化草甸植物较高的生物量导致地下部分碳含量增加有一定关系。草甸植物地下部分碳含量呈现先降低后增加的趋势，于9月达到最低值322.67g/kg，而最高值出现在11月，为474.83g/kg。5月以后，草甸生长高峰到来，因地上部分需从根部转移大量的碳营养，从而导致根中的碳含量逐渐下降，之后，因地上部分各器官渐趋衰老，其中的碳也开始向地下转移，从而导致根中的碳含量迅速增加。与沼泽和沼泽化草甸相比，草甸植物地下部分碳含量在9~11月迅速增加，增幅达到32.04%。沼泽化草甸地下部分碳利用率在整个过程中均低于沼泽及草甸。

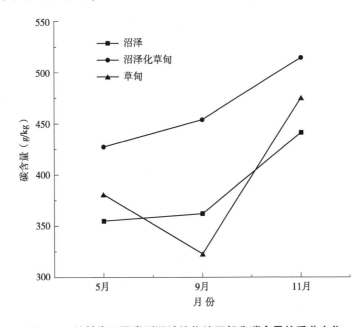

图6-5 纳帕海不同类型湿地植物地下部分碳含量的季节变化

6.2.2 植物碳积累量的季节变化

植物碳积累量主要取决于植物各部分的碳含量及相应时期的生物量，因此可根据碳含量以及相应时期的生物量来计算植物的碳积累量。

随着植物体的生长，沼泽化草甸地上部分碳积累量均呈先增大后减小的趋势，而沼泽和草甸地上部分碳积累量呈现下降趋势(图6-6)，但由于各湿地植物地上生物量以及

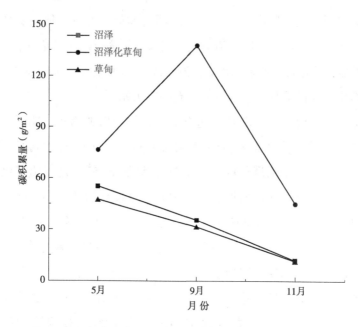

图 6-6 纳帕海不同类型湿地植物地上部分碳积累量季节变化

地上部分碳含量的不同，不同湿地类型植物地上部分碳积累量存在一定差异。整个生长季，沼泽化草甸地上部分碳积累量均高于沼泽和草甸，说明沼泽化草甸地上部分是湿地固碳的主要部分，这可能由于沼泽化草甸具有较高的生物量，生物量的增加从而增加了碳的积累量。5 月沼泽，沼泽化草甸和草甸植物地上部分碳积累量分别为：$55.32g/m^2$、$76.82g/m^2$、$47.66g/m^2$，三者之间无明显差异。而 9 月沼泽化草甸植物地上部分碳积累量最高，为 $137.70g/m^2$，明显高于沼泽和草甸的 $35.49g/m^2$、$31.43g/m^2$。11 月沼泽、沼泽化草甸和草甸地上部分碳积累量达到最低值，分别为：$11.72g/m^2$、$44.94g/m^2$ 和 $11.51g/m^2$。沼泽化草甸植物地上部分碳积累量在 5-9 月增加了 44.21%，而在 9~11 月下降了 67.36%。整个过程中，沼泽和草甸植物地上部分碳积累量分别降低了 78.81% 和 41.50%，这与地上生物量变化趋势一致，说明植物地上部分碳积累量受地上生物量影响，并且地上生物量的高低及变化趋势与植物地上部分碳积累量存在密切关系。沼泽和草甸地上部分碳积累量变化趋势一致，可能与沼泽和草甸物种具有类似的生物量及相似的气温、地温等条件产生趋同效应有一定关系。

纳帕海不同湿地类型植物地下部分碳积累量随时间变化存在一定差异，沼泽地下部分碳积累量在整个生长季内呈现降低趋势而草甸呈现上升趋势，沼泽化草甸地下部分碳积累量呈现先增加后降低趋势(图 6-7)。沼泽化草甸植物地下部分碳积累量在整个生长季均高于沼泽和草甸，说明沼泽化草甸地下部分是湿地固碳的主要部分，这可能由于沼泽化草甸具有最高的地下生物量，促进了土壤养分尤其是碳的吸收，从而导致碳积累量增加。

沼泽地下部分碳累积量最高值出现在 5 月，为 $88.93g/m^2$，而草甸地下部分碳

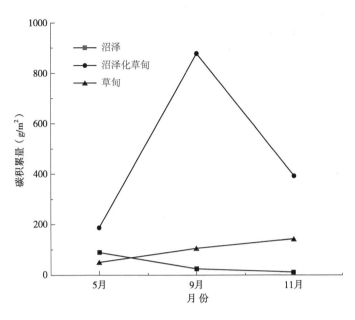

图 6-7　纳帕海不同类型湿地植物地下部分碳积累量季节变化

累积量最高值出现在 11 月，为 142.64g/m^2，沼泽化草甸最高值出现在 9 月，为 877.01g/m^2。沼泽化草甸和草甸地下部分碳累积量最低值均出现在 5 月，分别为 186.76g/m^2 和 50.84g/m^2，而沼泽地下部分碳累积量最低值出现在 11 月，为 12.33g/m^2。整个生长季，沼泽地下部分碳累积量降低了 86.13%，而草甸地下部分碳累积量增加了 64.36%。5 ~ 9 月沼泽化草甸地下部分碳累积量增加了 78.70%，而 9 ~ 11 月地下部分碳累积量降低了 55.26%。沼泽、沼泽化草甸和草甸地下部分碳累积量变化趋势与地下生物量的变化相一致，说明地下生物量的变化改变了地下部分碳累积量，而沼泽和草甸地下部分碳累积量呈现相反的变化趋势，可能与沼泽和草甸植被类型、土壤含水量、土壤容重等具有较大差异有一定关系。

总体来看，沼泽化草甸和草甸地下部分碳积累量在任何时期内均高于地上部分碳积累量，说明沼泽化草甸和草甸地下部分固碳能力高于地上部分。沼泽在 5 月和 11 月地下部分碳积累量高于地上部分碳积累量，而 9 月地下部分碳积累量却低于地上部分碳积累量，说明沼泽地下部分固碳能力在生长季初期和末期高于地上部分，而在生长季中期固碳能力略低于地上部分。

6.2.3　植物碳分配的季节变化

沼泽地上部分碳分配比在生长季内表现为先增加后降低的趋势，并于 9 月取得最高值 58.25%，而 5 月取得最低值 38.35%，5 ~ 9 月沼泽地上部分碳分配比增加了 20%（表 6-4）。与之相反，沼泽地下部分碳分配比于 9 月取得最低值 41.75%，而 5 月取得

表 6-4　纳帕海不同类型湿地植物碳分配的季节变化

其他类型	月份	地上部分(%)	地下部分(%)
沼　泽	5 月	38.35	61.65
	9 月	58.25	41.75
	11 月	48.74	51.26
沼泽化草甸	5 月	29.14	70.86
	9 月	13.57	86.43
	11 月	10.28	89.72
草　甸	5 月	48.39	51.61
	9 月	22.91	77.09
	11 月	7.47	92.53

最高值 61.65%，植物地上部分与地下部分碳分配比的这种相反的变化规律，在一定程度上反映了地上和地下部分在碳供给方面的密切联系。5 月由于气温升高，植物地上部分由于发芽及生长需要大量的碳，植物将较多的碳向地上部分转移，并于 9 月达到最高值。9 月以后，随着气温降低，沼泽植物停止生长，地上生物量迅速降低，植物所需碳减少，导致了碳向地下部分积累及转移。

与沼泽不同，沼泽化草甸和草甸地上部分碳分配比在生长季内呈现下降趋势，最高值均出现在 5 月，分别为 29.14% 和 48.39%，最低值出现在 11 月。在整个生长季中，草甸地上部分碳分配比均高于沼泽化草甸。5 月至 11 月，沼泽化草甸地上部分碳分配比降低了 18.86%，而草甸地上部分碳分配比降低了 40.92%，降幅明显高于沼泽化草甸，草甸地上部分碳分配比在 5 月至 9 月降低了 25.48%。与之相反，沼泽化草甸和草甸地下部分碳分配比于 11 月取得最高值 89.72% 及 92.53%，而 5 月取得最低值 70.86% 及 51.61%，植物地上部分与地下部分碳分配比的这种相反的变化规律，在一定程度上反映了地上和地下部分在碳供给方面的密切联系。沼泽化草甸和草甸生长季地上部分碳分配比逐渐降低，说明在植物生长过程中，沼泽化草甸和草甸植物将较多的碳逐渐分配到根系，而地上部分所需的碳较低。

6.3　植物氮积累与分配的季节动态

6.3.1　植物氮含量的季节变化

纳帕海沼泽、沼泽化草甸、草甸和垦后湿地植物生长的环境因素和自身组织结构的不同，其氮含量均有明显的季节变化特征。生长季内，四者地上部分的氮含量变化具有较强的一致性。如图 6-8 所示，5 月，地上部分氮的含量均最高，之后随时间的推移而逐渐下降，到 7 月时下降的速率减小。沼泽化草甸和沼泽地上部分含氮量于 9 月达到最低值 83.26g/kg 和 81.93g/kg。9 月到 11 月略有上升，上升的幅度不大，其均值分别为：（89.67±7.74）g/kg、（85.71±2.45）g/kg。比较而言，垦后湿地和草甸地上部分氮含量 5 月后迅速降低，7 月之后变化不大，其均值分别为：（52.13±2.36）g/kg、

(99.36±1.71)g/kg。方差分析表明，四者地上部分氮含量在生长季内差别不大，未在0.05水平上达到显著差异。

纳帕海沼泽、沼泽化草甸、草甸和垦后湿地植物地下部分含氮量季节变化存在较大差异。生长季内，沼泽地下氮含量在5月最高(105.28g/kg)，到7月急剧下降，7月到11月变化幅度小，在11月达到最低值(图6-8)。沼泽化草甸变化趋势与沼泽相反，在5月至9月含氮量波动幅度较小，至11月急剧上升，达到96.02g/kg。比较而言，草甸植物地下部分含氮量变化较小，呈先增大后减小的趋势，到9月达最大值(92.20g/kg)，在整个生长季，垦后湿地地上部分全氮含量呈连续下降趋势，且始终小于其他3种类型湿地。

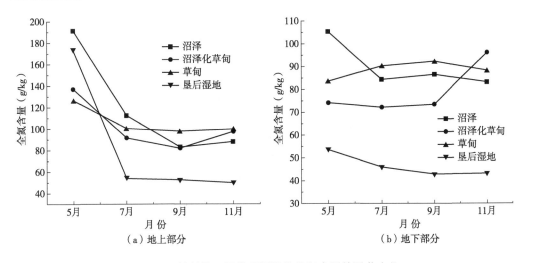

图6-8 纳帕海不同类型湿地植物氮含量的季节变化

6.3.2 植物氮积累量的季节变化

植物群落中氮的积累量主要取决于植物各部分的氮含量以及相应时期的生物量，所以可根据氮含量以及相应时期的生物量来计算植物各部分的氮积累量。沼泽、沼泽化草甸、草甸和垦后湿地植物地下、地下部分氮积累量季节动态如图6-9所示。总的来看，沼泽、沼泽化草甸、草甸的植物的氮积累量在生长期表现为地下部分>地上部分，说明植物地下部分是植物系统中主要的氮储库，这对于多年生植物具有重要意义，而垦后湿地种植作物为荞麦，地上部分生物量远大于地下部分，且为一年生作物，故其氮积累量为地上部分大于地下部分。

生长季内，沼泽、沼泽化草甸、草甸和垦后湿地地上部分的氮积累量分别为：2.24~25.12g/m²、10.31~26.64g/m²、2.31~22.96g/m²和12.96~36.96g/m²。地下部分氮积累量分别为2.32~40.03g/m²，32.42~141.47g/m²，11.14~47.59g/m²和1.54~3.57g/m²。由图6-9可知，4种类型湿地氮累积量季节变化规律各异，沼泽湿地

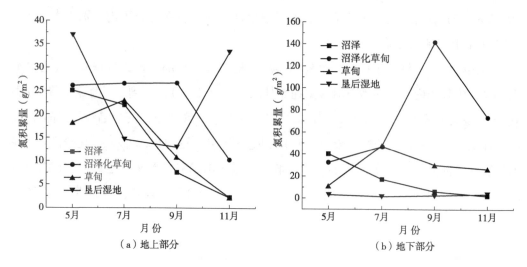

图 6-9　不同类型湿地植物氮积累量的季节变化

地下部分的氮积累量的动态变化趋势相同，均表现为持续降低趋势，5 月左右达到最大值，7 月到 9 月下降，9 月到 11 月也在下降但下降的幅度减小。沼泽化草甸地上地下氮积累量季节变化存在差异，地上部分在 5 月到 9 月呈小幅度上升趋势，而 9 月以后快速减少，地下部分氮积累量在 5 月到 7 月积累缓慢上升，而 7 月到 9 月急速上升，达到最大值（141.47g/m²），后又急速下降，但积累量仍大于 5 月与 7 月。草甸地上地下氮积累季节变化趋势一致，均为在 5 月到 7 月呈上升趋势，在 7 月达到最大值后到 11 月减小到最小值。垦后湿地地上氮积累量明显不同于其他 3 种湿地类型，地上部分氮积累量季节变化呈凹型变化，5 月到 7 月积累量急速减少，7 月到 9 月慢速减少，而 9 月到 11 月氮积累量又呈积速增加，高于 7 月和 9 月，与地上部分相比，地下部分氮积累量保持稳定，且始终小于沼泽、沼泽化草甸和草甸。

6.3.3　植物氮分配的季节变化

纳帕海沼泽、沼泽化草甸、草甸和垦后湿地植物氮季节分配见表 6-5，沼泽植物地上部分表现为 5 月到 7 月上升显著，因其地上部分快速生长增加氮积累量有关，7 月到 11 月地上氮分配占比呈下降趋势，且 9 月到 11 月下降显著，因其枯落物返还地下，导致地上氮分配开始增加。沼泽化草甸、草甸和垦后湿地植物氮分配季节变化趋势相似，都表现为 5 月到 7 月植物地上部分氮分配减少，地下部分上升，这与生长季内植物的地下部分生长有关，根系的快速生长，导致其氮分配地下部分占比的升高，这种变化在草甸和沼泽化草甸中表现更为明显；到 9 月以后，沼泽化草甸和草甸地下部分占比达到最大，这与其地上部分大量枯落归还于地下有关。垦后湿地植物氮分配始终为地上部分显著大于地下部分，与荞麦作物地上生物量显著大于地下部分有关，植物氮绝大部分分配到地上部分，供作物生长。

表 6-5　纳帕海不同类型湿地植物氮分配的季节变化

湿地类型	月份	地上(%)	地下(%)	合计(%)
沼　泽	5 月	38.55	61.45	100.00
	7 月	56.06	43.94	100.00
	9 月	55.47	44.53	100.00
	11 月	49.02	50.98	100.00
沼泽化草甸	5 月	44.59	55.41	100.00
	7 月	36.35	63.65	100.00
	9 月	15.84	84.16	100.00
	11 月	12.34	87.66	100.00
草　甸	5 月	62.09	37.91	100.00
	7 月	32.55	67.45	100.00
	9 月	26.42	73.58	100.00
	11 月	8.03	91.97	100.00
垦后湿地	5 月	92.37	7.63	100.00
	7 月	90.43	9.57	100.00
	9 月	83.17	16.83	100.00
	11 月	90.32	9.68	100.00

第7章

湿地植物残体分解与碳氮释放特征

7.1 湿地枯落物和根系的分解动态

7.1.1 枯落物和根系的残留率

纳帕海沼泽、沼泽化草甸和草甸分解小区的环境条件见表7-1，沼泽、沼泽化草甸和草甸分解小区土壤含水量均表现为沼泽化草甸分解小区最大，沼泽分解小区次之，草甸分解小区最小。沼泽分解小区和草甸分解小区0~10cm土层的土壤含水量均高于10~20cm土层，而沼泽化草甸分解小区土壤含水量表现为10~20cm土层的土壤含水量高于0~10cm土层。沼泽、沼泽化草甸和草甸分解小区土壤容重与土壤含水量呈相反变化趋势，0~10cm和10~20cm土层的土壤容重均表现为草甸分解小区最大，沼泽分解小区次之，沼泽化草甸分解小区最小。沼泽分解小区和草甸分解小区表现为10~20cm土层的土壤容重高于0~10cm土层，而沼泽化草甸分解小区土壤容重0~10cm土层的土壤容重均高于10~20cm土层。不同分解小区土壤pH值在土壤类型及土层存在差异，具体表现为0~10cm土

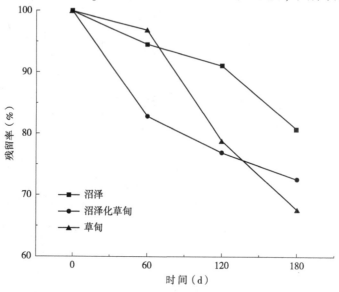

图7-1 纳帕海不同湿地类型枯落物在分解小区的残留率变化

层沼泽化草甸最高，沼泽次之，草甸最低，而 10～20cm 土层呈现相反趋势。沼泽和沼泽化草甸分解小区 0～10cm 土层的土壤 pH 值高于 10～20cm 土层，草甸分解小区土壤 pH 值在 0～10cm 及 10～20cm 没有明显差异。

表 7-1　纳帕海不同类型湿地分解小区的环境条件

项目	土层（cm）	湿地类型		
		沼　泽	沼泽化草甸	草　甸
土壤含水量	0～10cm	187.4±57.8	326.4±138.0	20.2±6.6
（%）	10～20cm	133.7±42.0	441.5±223.1	19.6±8.0
土壤容重	0～10cm	0.33±0.01	0.24±0.06	1.16±0.23
（g/cm³）	10～20cm	0.50±0.14	0.21±0.09	1.33±0.12
土壤 pH 值	0～10cm	7.70±0.07	7.87±0.31	6.93±0.15
	10～20cm	7.54±0.32	7.11±0.12	6.93±0.07

经过 180d 的分解，纳帕海沼泽、沼泽化草甸和草甸分解小区的枯落物残留率分别为 80.74%、72.59% 及 67.63%（图 7-1），总体上看，草甸分解小区的枯落物分解最快，沼泽化草甸次之，沼泽湿地最慢。沼泽枯落物残留率在整个分解时间内均高于沼泽化草甸，沼泽化草甸枯落物残留率在分解开始的前 60d 明显降低。在分解开始的前 60d，草甸分解小区的枯落物残留率略高于沼泽，草甸枯落物呈现较高的残留率，而分解 60d 后，草甸分解小区的枯落物残留率明显降低，特别是 60～120d 内，降低了 18.68%，在分解 120d 后的一段时间低于沼泽化草甸。此外，沼泽枯落物残留率在分解 120d 后也呈现快速降低趋势。总体而言，沼泽、沼泽化草甸和草甸分解小区的枯落物残留率存在明显差异，这与不同湿地类型水分条件差异有一定关系。

植物根系在不同湿地类型分解小区土壤剖面的分解残留率如图 7-2 所示。无论在土壤剖面的 0～10cm 深度还是在 10～20cm 深度上，根系在沼泽、沼泽化草甸和草甸分解小区中的残留率都明显不同。经过 180d 的分解，沼泽、沼泽化草甸和草甸分解小区土壤剖面的 0～10cm 深度上的根系残留率分别为：86.45%、62.83% 和 56.68%，即草甸分解小区的根系分解最快，沼泽化草甸次之，沼泽最慢。3 种湿地分解小区各时间段的根系分解速率均表现为：草甸>沼泽化草甸>沼泽；而在沼泽、沼泽化草甸和草甸分解小区土壤剖面 10～20cm 深度上根系残留率分别为 84.63%、58.95% 和 69.78%，即沼泽化草甸分解小区的根系分解最快，草甸次之，沼泽最慢与 0～10cm 存在一定差异。总的来看，根系在 3 个分解小区的残留率均随土壤剖面的加深而显著改变，并且沼泽根系分解总体上慢于沼泽化草甸和草甸。在土壤剖面 10～20cm 深度上，分解 60～120d 区间草甸分解小区的根系残留率降低了 24.21%，明显高于沼泽的 0.51% 及沼泽化草甸的 13.20%，而分解 120d 后，沼泽化草甸分解小区的根系残留率较沼泽和草甸明显降低。根系的残留率在不同水分带上的湿地分解小区的上述变化说明水分条件对于物质损失有一定影响。

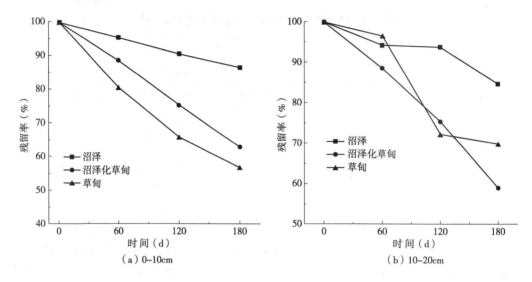

图 7-2　纳帕海不同类型湿地植物根系分解残留率的变化

7.1.2　枯落物和根系的分解速率

应用 Olson(1963)提出的单项指数模型对纳帕海不同湿地类型枯落物和根系在不同分解小区的分解残留率进行拟合，进而计算出枯落物和根系在不同湿地分解小区的分解速率。

$$W_t/W_0 = e^{-kt} \tag{7-1}$$

式中　W_0——分解袋中的枯落物和根系的最初重量；

　　　W_t——t 时刻的枯落物和根系的重量；

　　　k——一次指数模型拟合的分解常数。

拟合结果见表 7-2。经过 180d 的分解，枯落物和根系在不同分解小区的分解速率均存在一定差异。其中，枯落物在沼泽、沼泽化草甸和草甸分解小区的分解速率，表现为：草甸>沼泽化草甸>沼泽，说明枯落物分解速率与水分密切相关。根系在不同分解小区的土壤剖面 0~10cm 土层深度上的分解速率表现为：草甸>沼泽化草甸>沼泽，而在 10~20cm 土层深度上又表现为：沼泽化草甸>草甸>沼泽。其中，0~10cm 土层沼泽化草甸小区根系分解速率约为沼泽的 5 倍，而 10~20cm 土层沼泽化草甸小区分解速率是沼泽的近 3 倍，说明土壤深度及水分均对不同分解小区根系的分解速率均存在一定影响，即外在环境因素对物质分解有重要影响，而且不同深度上环境因子作用的方式和强度不同。

表 7-2　纳帕海不同类型湿地枯落物和根系的残留率(y)与分解时间(t)的指数拟合方程及相应参数

类　型	分解小区	拟合模型	k	R^2	分解时间(d)	$t_{0.95}$(a)
枯落物	沼　泽	$y = 7.184\,e^{-0.068x}$	0.068	0.938	180	3.7
	沼泽化草甸	$y = 11.259\,e^{-0.104x}$	0.104	0.919	180	2.4
	草　甸	$y = 9.574\,e^{-0.138x}$	0.138	0.938	180	1.8
根系	0~10cm					
	沼　泽	$y = 6.967\,e^{-0.049x}$	0.049	0.987	180	5.1
	沼泽化草甸	$y = 12.508\,e^{-0.156x}$	0.156	0.993	180	2.6
	草　甸	$y = 9.529\,e^{-0.190x}$	0.190	0.993	180	2.3
	10~20cm					
	沼　泽	$y = 7.003\,e^{-0.051x}$	0.051	0.892	180	4.9
	沼泽化草甸	$y = 12.913\,e^{-0.175x}$	0.175	0.976	180	3.4
	草　甸	$y = 9.406\,e^{-0.137x}$	0.137	0.879	180	3.8

以分解 180d 内的分解速率常数计算，沼泽、沼泽化草甸和草甸分解小区分解初始枯落物的 95% 所需要的时间为 3.7a、2.4a 和 1.8a；在土壤剖面 0~10cm 深度上分解初始根系的 95% 所需要的时间分别为 5.1a、2.6a 和 2.3a，而在土壤剖面 10~20cm 深度上分解初始根系的 95% 所需要的时间为 4.9a、3.4a 和 3.8a。说明在相同土壤深度下，水分是影响分解小区枯落物及根系分解的重要因素。

7.2　枯落物和根系分解过程中碳动态

7.2.1　枯落物和根系分解过程中碳含量的变化

纳帕海不同类型湿地枯落物分解过程中碳含量变化如图 7-3 所示。总体来看，整

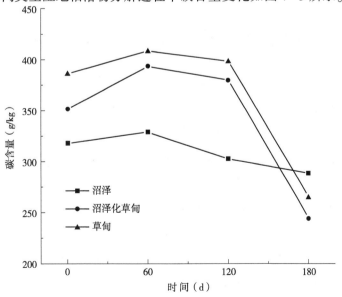

图 7-3　纳帕海不同类型湿地枯落物分解过程碳含量的变化

个分解过程中不同湿地类型枯落物中碳含量呈现先增加后降低的趋势，沼泽、沼泽化草甸、草甸枯落物分解过程碳含量均于分解 60d 达到最高值 317.90g/kg、393.50g/kg 及 408.50g/kg。分解初期，凋落物中易分解成分（糖类、淀粉等）在微生物及其他因子的作用下分解，导致枯落物中碳含量呈现增加趋势。枯落物分解过程中碳含量在分解 120d 前表现为：草甸>沼泽化草甸>沼泽。沼泽、沼泽化草甸和草甸枯落物分解过程中碳含量在 120~180d 时间内呈现下降趋势，其中沼泽化草甸和草甸有明显下降趋势，分别降低 135.30g/kg 及 133.00g/kg，这可能由于分解 120~180d 内处于气温变化大的 9~11 月，较大的日较差加速了枯落物分解。分解 180d 后，沼泽、沼泽化草甸和草甸枯落物碳含量较初始分别减少 9%、30% 及 31%。

纳帕海不同类型湿地根系分解过程中碳含量变化如图 7-4 所示。沼泽和草甸根系分解过程中碳含量均呈现波动下降趋势，其中分解 60d 后均达到最高值 374.80g/kg 和 373.40g/kg，分解 120d 后达到最低值 343.10g/kg 和 334.40g/kg。不同于沼泽和草甸，沼泽化草甸根系分解过程中碳含量呈现先上升后下降趋势，最低值出现在开始分解的时候，为 379.70g/kg，而最高值出现在分解 120d 后，为 428.90g/kg，并且在整个分解过程中，根系分解碳含量均高于沼泽和草甸，这可能由于沼泽化草甸土壤水分含量高，养分适中，有大量微生物分布，而微生物分解根系的过程中释放出一定的碳。开始分解到分解 60d 时间内，沼泽化草甸根系分解过程中碳含量增加了 36.40g/kg，明显高于沼泽的 19.00g/kg 和草甸的 8.90g/kg。分解 60~180d 内，沼泽和草甸根系分解过程中碳含量呈现上升再下降的趋势，而沼泽化草甸与两者相反，沼泽和草甸根系分解过程中碳含量在分解 60~120d 降低了 8.46% 及 10.44%，而沼泽化草甸根系分解过程中碳含量增加了 3.08%

7.2.2　枯落物和根系分解过程中碳绝对量的变化

枯落物或根系中碳含量的变化，反映碳元素在枯落物或根系中所占比例的动态；而碳绝对含量的变化曲线，直接反映枯落物或根系中碳的实际含量的动态。

纳帕海沼泽、沼泽化草甸和草甸枯落物分解过程中碳绝对量变化曲线如图 7-5 所示。3 种类型湿地枯落物分解过程中碳绝对量均表现为：沼泽化草甸>草甸>沼泽，并且分解时间内沼泽、沼泽化草甸和草甸枯落物分解过程中碳绝对量均呈先增加后降低的趋势。分解开始时，沼泽、沼泽化草甸和草甸枯落物分解过程中碳绝对量分别为 0.21g、0.37g 和 0.31g。沼泽、沼泽化草甸和草甸枯落物分解过程中碳绝对量最高值均出现在分解 60d 后，分别为 0.22g、0.42g 和 0.33g。在分解 120~180d 这段时间内，沼泽化草甸和草甸枯落物分解过程中碳绝对量较沼泽明显降低，分别降低了 0.14g 和 0.11g。分解结束时沼泽枯落物分解过程中碳绝对量与开始分解时没有明显差异，而沼泽化草甸和草甸枯落物分解过程中碳绝对量分别降低 30.42% 及 31.29%。

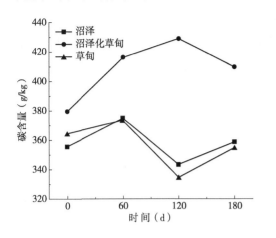

图 7-4　纳帕海不同类型湿地根系
分解过程碳含量的变化

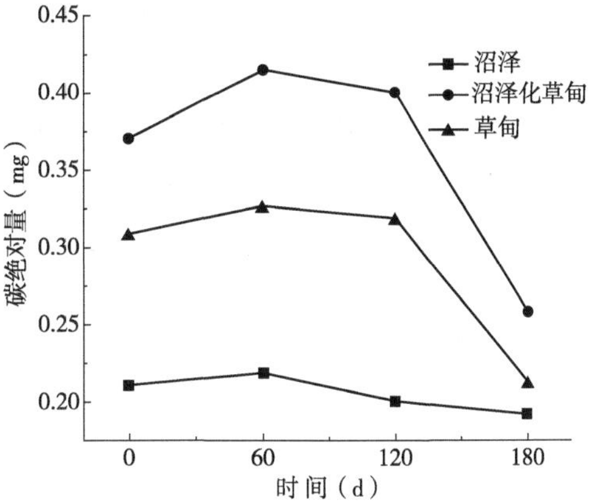

图 7-5　纳帕海不同类型湿地枯落物
分解过程碳绝对量的变化

　　纳帕海沼泽、沼泽化草甸和草甸根系分解过程中碳绝对量变化曲线如图 7-6 所示。沼泽化草甸根系分解过程中碳绝对量在整个分解周期内均明显高于沼泽和草甸根系分解过程中碳绝对量。沼泽、沼泽化草甸和草甸分解过程初始碳绝对量为 0.177mg、0.190mg 和 0.182mg。沼泽和草甸根系分解过程中碳绝对量均呈现波动下降趋势，均于分解 60d 后达到最高值 0.187mg，而最低值均出现在分解 120d 后。不同于沼泽和草甸，沼泽化草甸根系分解过程中碳绝对量呈现先上升后下降趋势，最低值出现在开始分解的时候，为 0.189mg，而沼泽化草甸根系分解过程中碳绝对量最高值出现在分解 120d 后，为 0.214mg。总的来看，整个分解过程中，沼泽和草甸根系分解过程中碳绝对量均呈逐渐降低趋势，表明沼泽和草甸湿地根系在分解过程中均发生碳的净释放，而沼泽化草甸根系分解过程中碳绝对量略呈上升趋势，表明沼泽化草甸根系在分解过程中发生碳的净积累。

　　枯落物或根系分解过程中碳的积累或释放可用积累系数（NAI）表示，即

$$NAI = \frac{M_i \cdot X_i}{M_0 \cdot X_0} \times 100\% \tag{7-2}$$

式中　M_i——枯落物或根系在 t 时刻的干物质重量，g；

　　　X_t——t 时刻枯落物或根系中的碳含量，g/kg；

　　　M_0——枯落物或根系干物质的初始重量，g；

　　　X_0——枯落物或根系碳的初始含量，g/kg。

　　若 NAI<100%，说明枯落物或根系在分解过程中发生了碳的净释放；若 NAI>100%，说明枯落物或根系在分解过程中发生了碳的净积累。

　　枯落物分解过程中的 NAI 变化如图 7-7 所示。沼泽、沼泽化草甸和草甸枯落物在分解各时期的 NAI 均小于 100%，说明沼泽、沼泽化草甸和草甸枯落物在整个分解过程中一

直表现为碳净释放。沼泽枯落物分解过程中的 NAI 在整个分解过程中高于沼泽化草甸和草甸，说明沼泽在整个分解过程碳净释放高于沼泽化草甸和草甸。在分解开始至 60d 内，沼泽和草甸 NAI 略有下降，而沼泽化草甸下降了 7.24%；草甸在 60~120d 内明显下降，降幅达 15.85%；沼泽化草甸和草甸 NAI 在 120~180d 分别降低了 39.23% 及 42.81%。分解 180d 后，沼泽、沼泽化草甸和草甸枯落物 NAI 分别为 73.27%、50.51% 及 46.47%，沼泽与沼泽化草甸和草甸存在明显差异。

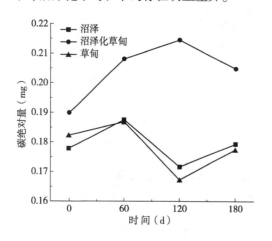

图 7-6 纳帕海不同类型湿地植物根系
分解过程碳绝对量的变化

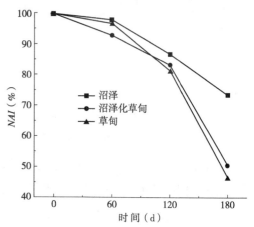

图 7-7 纳帕海不同类型湿地枯落物
积累系数（NAI）的变化

纳帕海沼泽、沼泽化草甸和草甸根系分解过程中的 NAI 变化如图 7-8 所示。沼泽、沼泽化草甸和草甸根系在分解各时期的 NAI 均小于 100%，说明沼泽、沼泽化草甸和草甸枯落物在整个分解过程中一直表现为碳净释放。草甸根系分解过程中 NAI 均低于沼泽和沼泽化草甸，说明草甸在整个分解过程碳净释放高于沼泽和沼泽化草甸。沼泽化草甸根系分解过程中 NAI 在开始分解 60d 内高于沼泽，而分解 120d 及以后，则表现为沼泽高于沼泽化草甸。草甸根系分解过程中 NAI 在分解 0~120d 内明显降低，分解 120d 时草甸根系分解过程中 NAI 较开始减少 39.69%；沼泽化草

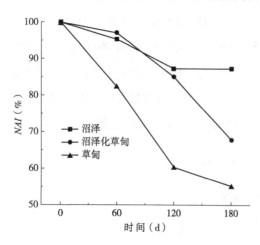

图 7-8 纳帕海不同类型湿地植物
根系积累系数（NAI）的变化

甸分解过程中 NAI 在分解 120~180d 明显降低，分解 180d 较分解 120d 中减少了 17.24%。总体来看，沼泽、沼泽化草甸及草甸分解过程中 NAI 分别较开始减少 12.8%、32.20% 和 44.86%。

7.3　枯落物和根系分解过程中氮动态

7.3.1　枯落物和根系分解过程中氮含量的变化

纳帕海沼泽、沼泽化草甸和草甸枯落物分解过程中的氮含量变化如图 7-9 所示。据图可知，沼泽、沼泽化草甸和草甸枯落物在分解过程中氮含量的变化存在较大差异。分解初期，沼泽、沼泽化草甸和草甸枯落物氮含量分别达到最低值（82.14g/kg、88.45g/kg 和 86.19g/kg），之后三者的氮含量均呈逐渐上升趋势。分解到 180d，沼泽、沼泽化草甸和草甸枯落物分解过程中的氮含量达到最高值（92.17g/kg、99.34g/kg、94.15g/kg 和 49.6g/kg）。到试验结束，沼泽、沼泽化草甸和草甸枯落物中的氮含量分别为初期的 1.12 倍、1.12 倍和 1.09 倍。

纳帕海沼泽、沼泽化草甸和草甸根系分解过程中氮含量变化趋势明显不同（图7-10）。在土壤剖面 0~10cm 深度上，沼泽、沼泽化草甸和草甸根系分解 60d 氮含量均迅速降低为原来的 88%、92% 和 79%。草甸根系在分解 120d 时达到最低值（55.48g/kg），而沼泽化草甸和沼泽在分解 60d 时就已经达到了最低值（78.36g/kg、65.34g/kg），之后也呈"V"型变化。沼泽、沼泽化草甸和草甸根系分解 180d 时氮含量均达到了较大值，分别为（74.53g/kg、

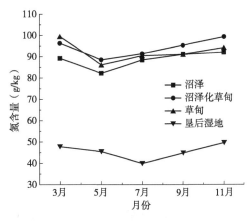

图 7-9　纳帕海不同类型湿地枯落物
分解过程氮含量的变化

89.13g/kg、67.16g/kg）。总的看来，在土壤剖面 0~10cm 深度上，沼泽、沼泽化草甸和草甸根系的氮含量均呈"V"型变化，沼泽化草甸根系的含量最高，草甸和沼泽根系的氮含量交替变化，到试验结束，沼泽、沼泽化草甸和草甸根系的氮含量分别为初期的 0.90 倍、0.94 倍和 0.77 倍。

在土壤剖面 10~20cm 深度上，沼泽、沼泽化草甸和草甸根系分解过程中氮含量变化趋势存在明显差异。分解初期，沼泽根系氮含量略微增加，之后开始降低，并在分解 120d 时达到最低值。沼泽化草甸和草甸根系氮含量从分解开始就持续降低，并在分解 120d 时达到最低值。即沼泽、沼泽化草甸和草甸根系均在分解 120d 时经达到了最低值（76.6g/kg、76.6g/kg 和 63.51g/kg）。沼泽、沼泽化草甸和草甸根系在分解 180d 时氮含量均达到了较大值，分别为 70.33g/kg、78.34g/kg 和 64.61g/kg。总的看来，在

土壤剖面 10~20cm 深度上，沼泽、沼泽化草甸和草甸根系的氮含量呈"V"型变化，沼泽化草甸根系的氮含量最高，沼泽根系氮含量次之，草甸根系的氮含量最低。到试验结束，沼泽、沼泽化草甸和草甸根系的氮含量分别为初期的 0.80 倍、0.82 倍和 0.74 倍。

　　上述分析表明，在分解过程中沼泽、沼泽化草甸和草甸根系的氮含量存在阶段性的升高，一方面与非氮物质的损失有关；另外一方面与微生物的固持作用，以及分解有机物的交换吸附作用使氮从其它方面得到补充有关。而氮的来源可能是小动物、土壤和水体等(刘景双等，2000)。

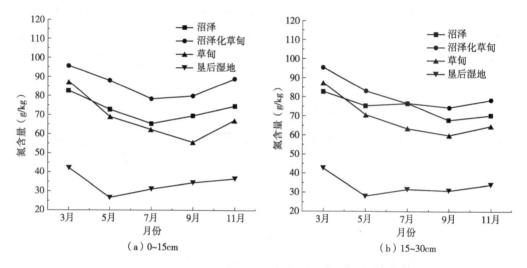

图 7-10　纳帕海不同类型湿地根系分解过程氮含量的变化

7.3.2　枯落物和根系分解过程中氮绝对量的变化

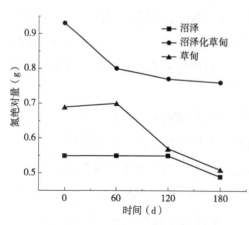

图 7-11　纳帕海不同类型湿地植物
枯落物分解过程氮绝对量的变化

　　不同于枯落物和根系分解过程中氮含量变化趋势曲线直观地表现枯落物和根系在分解过程中氮的实际含量的动态。图 7-11 和图 7-12 分别反映了不同类型湿地植物枯落物和根系分解过程中氮绝对含量。

　　纳帕海沼泽、沼泽化草甸、草甸枯落物分解过程中氮绝对量变化趋势各异，沼泽湿地表现为分解初期和中期氮绝对含量保持稳定，后期下降显著。沼泽化草甸表现为随着分解时间的增加呈连续下降的趋势，且在分解后期变化较小。草甸总体表现为先增大后减小，在分解初期氮绝对量略微上升，在中期和后期呈显著的连续下降趋势。总体而言，3 种类型湿地枯落物分解过程中氮绝对量均减少，到试验结束，沼泽、沼泽化草甸和草甸湿地氮绝对量分别为初始时的 0.91、0.82 和 0.74 倍。

纳帕海沼泽、沼泽化草甸和草甸植物根系分解过程中，氮绝对含量变化如图 7-12 所示，在不同土层深度(0~10cm 和 10~20cm)，3 种类型湿地根系分解过程中的氮绝对含量变化趋势一致，均表现为随这分解时间的增长而下降，且沼泽化草甸氮绝对含量始终高于沼泽和草甸。而沼泽和草甸变化表现为在分解前期草甸氮绝对含量大于沼泽，而分解中期和后期沼泽大于草甸。到试验结束，沼泽、沼泽化草甸和草甸在 0~10cm 根系氮绝对量为初始时的 0.83、0.74、0.66，在 10~20cm 根系氮绝对量为初始时的 0.75、0.68、0.62 倍。

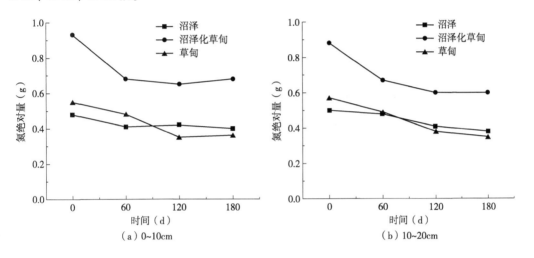

图 7-12　纳帕海不同类型湿地植物根系分解过程氮绝对量的变化

与植物有机碳一样，枯落物或根系分解过程中氮的积累或释放也可用积累系数(*NAI*)表示，即：

$$NAI = \frac{M_i \cdot X_i}{M_0 \cdot X_0} \times 100\% \qquad (7-3)$$

式中　M_i——枯落物或根系在 t 时刻的干物质重量，g；

　　　X_t——t 时刻枯落物或根系中的氮含量，mg/kg；

　　　M_0——枯落物或根系干物质的初始重量，g；

　　　X_0——枯落物或根系氮的初始含量，mg/kg。

若 *NAI* <100%，说明枯落物或根系在分解过程中发生了氮的净释放；若 *NAI* > 100%，说明枯落物或根系在分解过程中发生了氮的净积累。

纳帕海不同类型湿地植物枯落物分解过程中氮的积累或释放情况如图 7-13 所示。由图 7-13 可知，沼泽化草甸湿地枯落物在分解过程中一直表现为氮的净释放。草甸枯落物分解 60d 时发生了氮的净积累，之后均表现为氮的净释放。沼泽枯落物在分解60d~120d 一直存在氮的净积累，分解后期才表现为氮的净释放。分解中期，沼泽化草甸枯落物氮的净释放量低于沼泽和草甸，而分解后期，不同类型湿地枯落物氮的将释放量表现为：沼泽>沼泽化草甸>草甸。

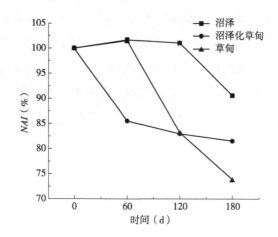

图 7-13　纳帕海不同类型湿地植物枯落物分解过程 *NAI* 的变化

纳帕海不同类型湿地植物根系分解过程中氮的积累或释放情况如图 7-14 所示。由图可知，在 0~10cm 和 10~20cm 土层，沼泽、沼泽化草甸和草甸 3 种类型湿地植物根系在分解过程中均表现为氮的净释放。分解后期，不同类型湿地植物根系的 *NAI* 都表现为：沼泽>沼泽化草甸>草甸。

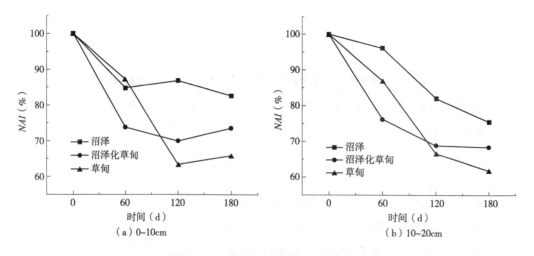

图 7-14　纳帕海不同类型湿地植物根系分解过程 *NAI* 的变化

7.4　湿地枯落物中碳氮的现存量

生态系统枯落物的现存量是一个动态变化量，因每年枯落物的输入而积累，因枯落物的分解而损失，枯落物的现存量在数值上取决于二者之和。对于一个稳定生态系统而言，枯落物的现存量最终将趋向于一个稳定值。其计算过程如下：

设 t 为时间（年），$x(t)$ 为地面枯落物的现存量，$g(t)$ 为每年枯落物的输入量，$k(t)$ 为年分解速率，则：

$$\frac{\mathrm{d}x(t)}{\mathrm{d}t} = g(t) - k(t) \cdot x(t) \tag{7-4}$$

$$x(t) = \exp(-\int_k^t (s)\mathrm{d}s) \cdot [x(t_0) + \int_0^t g(u) \cdot \exp(\int_0^t k(s)\mathrm{d}s)\mathrm{d}u] \tag{7-5}$$

由于分解速率季节变化明显而年际变化较小，因此 $k(t)$ 可看作常数 α，则剩余率 $\beta = 1 - \alpha$。

每年输入的枯落物需经若干年后才能分解完全，因此 t 年后枯落物的积累量可假设为：

$$x_n(t) \quad (n = 0, 1, 2, \cdots)$$

$x_0(t)$ 为第 t 年的输入量，$x_1(t)$ 为第 $t-1$ 年的输入量经分解损失后的剩余量，依次类推。现假设一个初始状态，$x(0)$ 为该状态下枯落物的干物质总量，x 为枯落物多年平均生产量。据此，至 t 年春季枯落物的积累量，即现存量为：

$$x(t) = x_0(t) + x_1(t) + \cdots x_n(t) + \cdots$$
$$= x \cdot \sum_0^{t-1} \beta'' + \beta' x(0) = \frac{x}{1-\beta} \cdot (1 - \beta') + \beta' \cdot x(0) \tag{7-6}$$

当 $t \to \infty$ 时，

$$x(t) = \frac{x}{1-\beta} \tag{7-7}$$

可见，只要枯落物的年输入量和年输出量稳定，不论初始状态如何，其积累量均能达到稳定值 x_{st}，即：

$$x_{st} = \frac{x}{1-\beta} \tag{7-8}$$

本次分解实验进行的时间为5月至11月，年分解速率用此间的分解速率代替，12月至次年4月枯落物的失重率变化平缓，分解缓慢，所以这里将12月至次年4月枯落物的失重率忽略不计。

7.4.1 湿地系统枯落物中碳的现存量

通过计算可知，纳帕海沼泽、沼泽化草甸和草甸地上枯落物的年分解速率分别为：0.4585g/(g·a)、0.4719g/(g·a) 和 0.3677g/(g·a)，而枯落物年生产量分别为：646.06g/m²、654.86g/m² 和 692.86g/m²，由此可计算出三者枯落物的现存量分别为：1409.07g/m²、1387.71g/m² 和 1884.31g/m²，枯落物的碳含量取其分解过程中平均值 30.95mg/kg、34.23mg/kg 和 36.46mg/kg，由此计算出枯落物的碳库现存量稳定值分别为：64.85g/m²、43.54g/m²及38.65g/m²(表7-3)。此外，根据分解1a后枯落物碳库的变化量可计算出其向土壤碳库的年归还量分别为：11.97g/(m²·a)、6.18g/(m²·a)及5.06g/(m²·a)，由于随着枯落物积累年限和分解时间的延长，枯落物向土壤碳库的归还量也会增加，故本研究以大于11.97g/(m²·a)、6.18g/(m²·a)和5.06g/(m²·a)来表示沼泽、沼泽化草甸和草甸枯落物向土壤碳库的归还量。

表7-3　纳帕海不同类型湿地枯落物中碳的现存量

湿地类型	年输入量 (g/m²)	年分解速率 [g/(g·a)]	现存量 (g/m²)	平均碳含量 (g/m²)	碳现存含量 (g/m²)	碳年归还量 [g/(m²·a)]
沼　泽	646.06	0.4585	1409.07	30.95	64.85	>11.97
沼泽化草甸	654.86	0.4719	1387.71	34.23	43.54	>6.18
草　甸	692.86	0.3677	1884.31	36.46	38.65	>5.06

7.4.2　湿地系统枯落物中氮的现存量

通过计算可知，纳帕海沼泽、沼泽化草甸和草甸地上枯落物的年分解速率分别为0.4585g/(g·a)、0.4719g/(g·a)和0.3677g/(g·a)，而其枯落物年生产量分别为646.06g/m²、654.86g/m²和692.86g/m²，由此可计算出三者枯落物的现存量分别为1409.07g/m²和1387.71g/m²和1884.31g/m²，枯落物的氮含量取其分解过程中的平均值87.73mg/kg、94.61mg/kg和91.63mg/kg，由此计算出枯落物的氮库现存量稳定值分别为123.62g/m²、131.29g/m²和113.15g/m²。另外，根据分解1a后枯落物氮库的变化量可计算出其向土壤氮库的年归还量分别为45.41g/(m²·a)、49.59g/(m²·a)和51.51g/(m²·a)，由于随着枯落物积累年限和分解时间的延长，枯落物向土壤氮库的归还量也会增加，所以本研究以大于45.41g/(m²·a)、49.59g/(m²·a)和51.51g/(m²·a)来表示沼泽、沼泽化草甸和草甸枯落物向土壤氮库的归还量。具体结果详见表7-4。

表7-4　纳帕海不同类型湿地枯落物中氮的现存量

湿地类型	年输入量 (g/m²)	年分解速率 [g/(g·a)]	现存量 (g/m²)	平均氮含量 (g/m²)	氮现存含量 (g/m²)	氮年归还量 [g/(m²·a)]
沼　泽	646.06	0.4585	1409.07	87.73	123.62	>45.41
沼泽化草甸	654.86	0.4719	1387.71	94.61	131.29	>49.59
草　甸	692.86	0.3677	1884.31	91.63	113.15	>51.51

综上，不同湿地类型枯落物中草甸分解小区的枯落物分解最快，沼泽化草甸次之，沼泽湿地最慢。0~10cm土层草甸分解小区的根系分解最快，沼泽化草甸次之，沼泽最慢，而10~20cm土层草甸分解小区的根系分解最快，沼泽次之，沼泽化草甸最慢。不

同湿地类型枯落物分解小区分解速率表现为草甸最高，沼泽化草甸次之，沼泽最低。不同湿地类型根系分解小区分解速率在土壤剖面上略有差异，0~10cm 深度上的根系分解速率与枯落物分解速率变化趋势一致，而在 10~20cm 深度上不同湿地类型分解小区分解速率表现为沼泽化草甸最高，草甸次之，沼泽最低。不同湿地类型分解小区分解初始枯落物的 95% 所需要的时间表现为沼泽最长，沼泽化草甸次之，草甸最短。在土壤剖面 0~10cm 深度上分解初始根系的 95% 所需要的时间与枯落物分解一致，而在 10~20cm 深度土层分解初始根系的 95% 所需要的时间表现为沼泽最长，草甸次之，沼泽化草甸最短。

　　整个分解过程中不同湿地类型枯落物中碳含量呈现先增加后降低的趋势，沼泽、沼泽化草甸、草甸枯落物分解过程碳含量均于分解 60d 达到最高值。沼泽和草甸根系分解过程中碳含量均呈现波动下降趋势，而沼泽化草甸根系分解过程中碳含量呈现先上升后下降趋势。不同类型湿地枯落物分解过程中碳绝对量均呈先增加后降低的趋势，沼泽化草甸枯落物分解过程中碳绝对量最高，草甸次之，沼泽最低。沼泽化草甸根系分解过程中碳绝对量在整个分解周期内均明显高于沼泽和草甸根系分解过程中碳绝对量。沼泽和草甸根系分解过程中碳绝对量均呈现波动下降趋势，而沼泽化草甸根系分解过程中碳绝对量呈现先上升后下降趋势。沼泽、沼泽化草甸和草甸枯落物在整个分解过程中一直表现为碳净释放，并且沼泽在整个分解过程碳净释放高于沼泽化草甸和草甸。沼泽和草甸根系分解过程中碳绝对量均呈现波动下降趋势，而沼泽化草甸根系分解过程中碳绝对量呈现先上升后下降趋势。此外，沼泽化草甸根系分解过程中碳绝对量在整个分解周期内均明显高于沼泽和草甸。沼泽、沼泽化草甸和草甸枯落物在整个分解过程中一直表现为碳净释放，并且草甸在整个分解过程碳净释放高于沼泽和沼泽化草甸。

第8章

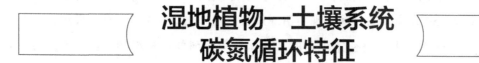

湿地植物—土壤系统碳氮循环特征

8.1 湿地植物—土壤系统碳氮循环特征计算方法

8.1.1 湿地植物—土壤系统碳循环特征计算方法

植物各分室的碳储量及各分室间的流量通过下列公式计算：

$$P_n = C_n \cdot B_n \tag{8-1}$$

式中 P_n——第 n 个分室的碳储量；

     C_n——第 n 个分室的碳浓度；

     B_n——第 n 个分室的生物量。

土壤中的碳储量（S_n）采用下式计算（Zhang，1991）：

$$S_n = C_n \cdot V \cdot S_v \tag{8-2}$$

式中 S_v——土壤容重，g/cm^3；

     C_n——土壤碳浓度，mg/kg；

     V——土壤体积，cm^3。

8.1.2 湿地植物—土壤系统氮储量和流量计算方法

植物各分室的氮储量及各分室间的流量通过下列公式计算（Li et al.，1992）：

$$N_n = C_n \cdot B_n \tag{8-3}$$

式中 N_n——第 n 个分室的氮储量；

     C_n——第 n 个分室的氮浓度；

     B_n——第 n 个分室的生物量。

$$F_a = C_a \cdot B_a \tag{8-4}$$

式中 F_a——植物地上部分吸收的氮；

     C_a——地上生物量最高时的氮浓度；

     B_a——地上最高生物量。

$$F_{da} = C_d \cdot B_a \tag{8-5}$$

式中 F_{da}——植物地上部分向枯落物转移的氮；

C_d——地上部枯死后植物的氮浓度；

B_a——地上最高生物量。

$$F_{rt} = F_a - F_{da} \tag{8-6}$$
$$F_r = F_a - F_{rt} + \Delta N_u \tag{8-7}$$

式中 F_{rt}——氮从地上部分向地下部分的再转移量；

ΔN_u——地下生物量在生长季内氮的净增量。

从枯落物向土壤(F_s)和从根向土壤(F_T)转移氮量根据以下公式计算：
$$F_s = F_l - F_y \tag{8-8}$$
$$F_T = T \times B_{max} C_{max} \tag{8-9}$$
$$T = P_m / B_{max} \tag{8-10}$$

式中 F_l——由 F_{da} 和 F_p 两部分组成；

F_p——枯落物年平均氮储量；

F_y——经过一段时间后枯落物未分解部分的氮；

T——根的周转率(Dahlman et al., 1965)；

P_m——根年际最高生物量与最低生物量之差；

B_{max}——根系最高生物量；

C_{max}——根系最高生物量时的氮浓度。

枯落物分解采用尼龙网袋法，年平均枯落物生物量(X_{st})和枯落物失重率(R)根据下面公式计算：
$$X_{st} = x / (1 - \beta) \tag{8-11}$$
$$R = [(W_1 - W_2) / W_1] \cdot 100\% \tag{8-12}$$

式中 X_{st}——系统枯落物的稳定值；

x——枯落物年平均产量，g/m^2；

β——枯落物剩余率，%；

R——失重率；

W_1——t_1 时刻枯落物重量；

W_2——t_2 时刻枯落物重量。

土壤中的氮储量(S_n)采用下式计算(Zhang, 1991)：
$$S_n = C_n \cdot V \cdot S_v \tag{8-13}$$

式中 S_v——土壤容重，g/cm^3；

C_n——土壤氮浓度，mg/kg；

V——土壤体积，cm^3。

8.2　湿地植物—土壤系统碳循环特征

　　基于分室模型的思路，将纳帕海沼泽、沼泽化草甸、草甸和垦后湿地的植物—土壤系统划分为4个相对独立的分室，即地上植物分室、地下根系分室、枯落物分室和土壤分室。处于不同水位梯度的沼泽、沼泽化草甸、草甸和垦后湿地植物—土壤系统中，碳在各分室的分配情况见表8-1。据表可知，在沼泽、沼泽化草甸、草甸和垦后湿地植物—土壤系统中，分别有99.69%、98.59%、99.46%、99.15%的碳储存在土壤中，这说明土壤是植物—土壤系统的主要碳储库。分别有0.13%、0.28%、0.11%、2.19%的碳储存在枯落物中，垦后湿地枯落物碳储量最高，达到343.36g/m²。分别有0.67%、5.35%、1.51%、0.81%的碳储存在植物中，沼泽化草甸土壤植物碳储量最高，达到1014.72g/m²。而植物地上部分碳储存量分别为0.39%、0.73%、0.34%、0.65%，沼泽化草甸植物碳储量最高，达到137.70g/m²。与之相比，植物地下部分碳储存量较低，分别为0.28%、4.62%、1.16%、0.17%，沼泽化草甸植物碳储量最高，达到877.01g/m²。这说明植物地上部分碳储存量低于地下部分。比较而言，4种植物—土壤系统的碳储量表现为：沼泽化草甸>垦后湿地>草甸>沼泽。这种变化规律表明湿地地表水位下降能够对土壤微生物量碳产生影响，首先从沼泽过渡到沼泽化草甸过程中显著增加了土壤微生物量碳，促进植物多样性的发育，生物量的大量积累，补充土壤有机碳的含量。其次是随着水位下降表现出逐渐减少的趋势，这种结果与土壤总有机碳的变化趋势相一致。

表8-1　纳帕海不同类型湿地植物—土壤系统碳的分配

项目	湿地类型	植物		枯落物	土壤	植物—
		地上部分	地下部分	（稳定值）	（0~40cm）	土壤系统
碳储量（g/m²）	沼泽	35.49	25.44	11.72	8967.28	9039.93
	沼泽化草甸	137.7	877.01	52.62	17916.39	18983.72
	草甸	31.43	105.75	9.83	8964.16	9111.17
	垦后湿地	101.25	26.09	343.36	15185.55	15656.25
百分比（%）	沼泽	0.39	0.28	0.13	99.20	100
	沼泽化草甸	0.73	4.62	0.28	94.38	100
	草甸	0.34	1.16	0.11	98.39	100
	垦后湿地	0.65	0.17	2.19	96.99	100

8.3 湿地植物—土壤系统氮循环特征

8.3.1 氮在湿地植物—土壤系统各分室的分配

基于分室模型的思路，将纳帕海不同水位梯度上的沼泽、沼泽化草甸、草甸和垦后湿地的植物—土壤系统划分为4个相对独立的分室，即植物地上部分分室、地下部分分室、枯落物分室和土壤分室。处于不同水位梯度的沼泽、沼泽化草甸、草甸和垦后湿地植物—土壤系统中，氮在各分室的分配情况见表8-2，据表8-2可知，纳帕海沼泽、沼泽化草甸、草甸和垦后湿地植物—土壤系统中氮储量分别为：$7177.96g/m^2$、$12523.63g/m^2$、$9575.18g/m^2$和$12168.86g/m^2$，表现为：沼泽化草甸>垦后湿地>草甸>沼泽。

在沼泽、沼泽化草甸、草甸和垦后湿地湿地植物—土壤系统中，分别有：99.69%、98.5%、99.46%、99.15%的氮储存在土壤中，说明土壤是植物—土壤系统的主要氮储库。纳帕海沼泽、沼泽化草甸、草甸和垦后湿地土壤亚系统的氮储量分别为：$7155.88g/m^2$、$12346.85g/m^2$、$9523.78g/m^2$和$12065.18g/m^2$，表现为：沼泽花草甸>垦后湿地>草甸>沼泽，与植物—土壤系统氮储量变化趋势相同，说明纳帕海不同类型湿地土壤氮储量的变化代表了植物—土壤系统氮储量的变化。

纳帕海不同类型湿地湿地植物—土壤系统中，沼泽、沼泽化草甸、草甸和垦后湿地植物亚系统中氮储量分别为：$13.63 g/m^2$、$168.11g/m^2$、$41.06 g/m^2$、$15.58g/m^2$，表现为：沼泽花草甸>草甸>垦后湿地>沼泽。植物地上部分氮储量分别为：$7.56 g/m^2$、$26.64 g/m^2$、$10.85 g/m^2$、$12.96 g/m^2$，表现为：沼泽化草甸>垦后湿地>草甸>沼泽。与之相比，植物地下部分氮储量分别为：$6.07g/m^2$、$141.47g/m^2$、$30.22g/m^2$、$2.62g/m^2$，表现为：沼泽化草甸>草甸>沼泽>垦后湿地。可见，纳帕海不同类型湿地植物亚系统中，沼泽化草甸和草甸植物地下部分氮储量高于地上部分氮储量，而沼泽和垦后湿地植物地下部分氮储量低于地上部分氮储量。纳帕海不同类型湿地植物—土壤系统中，沼泽、沼泽化草甸、草甸和垦后湿地枯落物亚系统的氮储量较低，分别为：$8.45g/m^2$、$8.67g/m^2$、$10.34g/m^2$和$88.10g/m^2$，表现为：垦后湿地>草甸>沼泽花草甸>沼泽。

表8-2 纳帕海不同类型湿地植物—土壤系统氮的分配

| 项目 | 类型 | 植物 | | 枯落物 | 土壤 | 植物— |
		地上部分	地下部分	（稳定值）	（0~40cm）	土壤系统
氮储量（g/m²）	沼泽	7.56	6.07	8.45	7155.88	7177.96
	沼泽化草甸	26.64	141.47	8.67	12346.85	12523.63
	草甸	10.85	30.22	10.34	9523.78	9575.18
	垦后湿地	12.96	2.62	88.10	12065.18	12168.86

（续）

项目	类型	植物		枯落物	土壤	植物—
		地上部分	地下部分	（稳定值）	（0~40cm）	土壤系统
百分比（%）	沼泽	0.11	0.08	0.12	99.69	100
	沼泽化草甸	0.21	1.13	0.07	98.59	100
	草甸	0.11	0.32	0.11	99.46	100
	垦后湿地	0.11	0.02	0.72	99.15	100

8.3.2 氮在湿地植物—土壤系统各分室间的转移

氮在纳帕海沼泽、沼泽化草甸、草甸和垦后湿地植物—土壤系统中转移如图 8-1

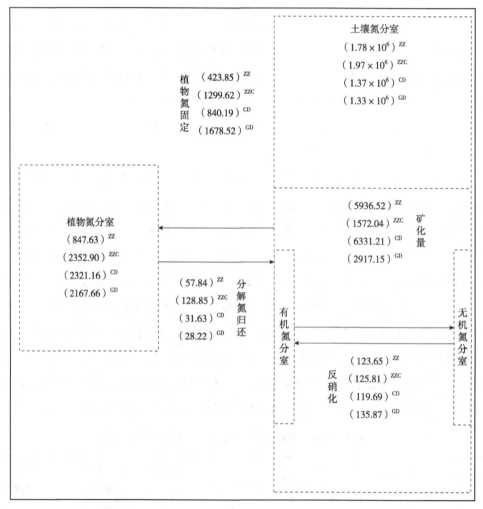

图 8-1 纳帕海沼泽（ZZ）、沼泽化草甸（ZZC）、草甸（CD）和垦后湿地（GD）
植物—土壤系统氮迁移转化模式

［方框内数字为分室氮储量，gN/hm²；箭头上方数字为分室间氮流通量 gN/（hm²·a）］

所示。土壤是主要的氮库，植物亚系统氮储存量较低。土壤亚系统的氮储量分别为：$1.78 \times 10^6 \text{g/hm}^2$、$1.97 \times 10^6 \text{g/hm}^2$、$1.37 \times 10^6 \text{g/hm}^2$、$1.33 \times 10^6 \text{g/hm}^2$。其中，沼泽化草甸土壤氮储量最高，表现为：沼泽化草甸>沼泽>草甸>垦后湿地。植物亚系统的氮储量分别为：847.63g/hm²、2352.90g/hm²、2321.16g/hm²、2167.66g/hm²。其中，沼泽化草甸植物氮储量最高，表现为：沼泽化草甸>草甸>垦后湿地>沼泽。沼泽、沼泽化草甸、草甸和垦后湿地植物—土壤—大气系统中氮流量存在显著差异。土壤系统内，草甸土壤氮的年矿化量最高，沼泽化草甸土壤氮的年矿化量最低，表现为：草甸>沼泽>垦后湿地>沼泽化草甸。土壤系统内，垦后湿地土壤氮的年反硝化量最高，草甸土壤氮的年反硝化量最低，表现为：垦后湿地>沼泽化草甸>沼泽>草甸，但反硝化量占矿化量的比例很小。植物—土壤系统中，垦后湿地植物固氮量最高，沼泽植物固氮量最低，表现为：垦后湿地>沼泽化草甸>草甸>沼泽；而沼泽化草甸枯落物分解归还量最高，垦后湿地枯落物分解归还量最低，表现为：沼泽化草甸>沼泽>草甸>垦后湿地。

参 考 文 献

白光润, 王升忠, 冷雪天, 等, 1999. 草本泥炭形成的生物环境机制[J]. 地理科学, 54(3): 247-254.

白军红, 邓伟, 朱颜明, 等, 2002. 水陆交错带土壤氮素空间分异规律研究—以月亮泡水陆交错带为例[J]. 环境科学学报, 22(3): 343-348.

白军红, 李晓文, 崔保山, 等, 2006. 湿地土壤氮素研究概述[J]. 土壤, 38(2): 143-147.

蔡晓明, 2000. 生态系统生态学[M]. 北京: 科学出版社.

曹志洪, 1998. 科学施肥与我国粮食安全保障[J]. 土壤(2): 57-69.

陈桂葵, 陈桂珠, 2004. 白骨壤模拟湿地系统中氮的分配、循环及其净化效应[J]. 生态学杂志, 23(6): 15-18.

陈灵芝, Lindley D K, 1983. 英国 Hampsfe 的蕨莱草地生态系统的营养元素循环[J]. 植物学报, 25(1): 67-74.

陈宜瑜, 吕宪国, 2003. 湿地功能与湿地科学的研究方向[J]. 湿地科学, 1(1): 7-11.

迟光宇, 王俊, 陈欣, 等, 2006. 三江平原不同土地利用方式下土壤有机碳的动态变化[J]. 土壤, 38(6): 755-761.

董凯凯, 王惠, 杨丽原, 等, 2011. 人工恢复黄河三角洲湿地土壤碳氮含量变化特征[J]. 生态学报, 31(16): 4778-4782.

段晓男, 王效科, 欧阳志云, 等, 2004. 乌梁素海野生芦苇群落生物量及影响因子分析[J]. 植物生态学报, 28(2)246-251.

高建华, 杨桂山, 欧维新, 2006. 苏北潮滩湿地植被对沉积物 N、P 含量的影响[J]. 地理科学, 26(2): 224-230.

高俊琴, 雷光春, 李丽, 等, 2010. 若尔盖高原三种湿地土壤有机碳分布特征[J]. 湿地科学, 8(4): 327-330.

郭继勋, 祝廷成, 1995. 羊草草地枯枝落叶中 N、P、K 变化动态[J]. 应用生态学报, 6(2): 223-225.

郭雪莲, 2008. 三江平原不同水位梯度湿地植物—土壤系统氮循环特征研究[D]. 长春: 东北师范大学.

郭雪莲, 田昆, 葛潇宵, 等. 2012. 纳帕海高原湿地土壤有机碳密度及碳储量特征[J]. 水土保持学报, 26(4): 159-162.

郝瑞军, 李忠佩, 车玉萍, 2010. 苏南水稻土有机碳矿化特征及其与活性有机碳组分的关系[J]. 长江流域资源与环境，19(9)：1069-1074.

何池全，赵魁义，2000. 湿地生态过程研究进展[J]. 地球科学进展，13(5)：165-171.

何池全，2002. 毛果苔草湿地植物营养元素分布及其相关性[J]. 生态学杂志，21(1)：10-13.

侯翠翠，宋长春，李英臣，等，2011. 不同水分条件下小叶章湿地表土有机碳及活性有机碳组分季节动态[J]. 生态环境，32(1)：796-801.

黄瑞农，1994. 环境土壤学[M]. 北京：高等教育出版社.

黄易，2009. 纳帕海湿地退化对碳氮积累影响的研究[J]. 安徽农业科学，37(13)：6095-6097.

赖建东，田昆，郭雪莲，等. 2014. 纳帕海湿地土壤有机碳和微生物量碳研究[J]. 湿地科学，12(1)：49-54.

李杰.，2013. 纳帕海湿地水文情势模拟及关键水文生态效应分析[D]. 昆明：云南大学.

李新华，刘景双，孙志高，等，2007. 三江平原小叶章湿地生态系统硫的生物地球化学循环[J]. 生态学报，27(6)：2199-2207.

李夜光，李中奎，耿亚红，等，2006. 富营养化水体中 N、P 浓度对浮游植物生长繁殖速率和生物量的影响[J]. 生态学报，26(2)：317-325.

厉恩华，刘贵华，李伟，等，2006. 洪湖三种水生植物的分解速率及氮、磷动态[J]. 中国环境科学，26(6)：667-671.

梁威，胡洪营，2003. 人工湿地净化污水过程中的生物作用[J]. 中国给水排水，19(10)：28-31.

刘景双，杨继松，于俊宝，等，2003. 三江平原沼泽湿地土壤有机碳的垂直分布特征研究[J]. 水土保持学报，17(3)：5-8.

刘景双，孙雪利，于君宝，2000. 三江平原小叶章、毛苔草枯落物中氮素变化分析[J]. 应用生态学报，11(6)：898-902.

刘兴土，马学慧，2002. 三江平原自然环境变化与生态保育[M]. 北京：科学出版社.

刘育，夏北成，2006. 芦苇湿地不同生物量处理生活污水中三氮[J]. 环境科学与技术，29(4)：98-99.

刘启明，朴河春，郭景恒，等，2001. 应用 δ13C 值探讨土壤中有机碳的迁移规律. 29(1)，32-35.

鲁彩艳，陈欣，2003. 土壤氮矿化-固持周转(MIT)研究进展[J]. 土壤通报，34(5)：473-477.

陆梅，田昆，陈玉惠，等，2004. 高原湿地纳帕海退化土壤养分与酶活性研究[J]. 西南林学院学报，24(1)：34-37.

吕宪国，黄锡畴，1998. 我国湿地研究进展[J]. 地理科学，18(4)：293-300.

吕宪国，刘玉红，2004. 湿地生态系统保护与管理[M]. 北京：化学工业出版社.

吕宪国，2002. 湿地科学研究进展及研究方向[J]. 中国科学院院刊，17(3)：170-172.

马晓丽，贾志宽，肖恩时，等，2011. 旱区有机培肥对土壤肥力及酶活性的影响[J].
    西北农林科技大学(自然科学版)，39(1)：144-150.

马秀枝，王艳芬，汪诗平，等，2005. 放牧对内蒙古锡林河流域草原土壤碳组分的影响
    [J]. 植物生态学报，29(4)：569-576.

莫剑锋，田昆，陆梅，等，2004. 纳帕海退化湿地土壤有机质空间变异研究[J]. 西南
    林学院学报，24(3)：25-28.

潘根兴，曹建华，周运超，2000. 土壤碳及其在地球表层系统碳循环中的意义[J]. 第
    四纪研究(4)：325-334.

祁彪，2005. 青海环湖地区不同退化程度高寒草地土壤碳储量的研究[D]. 兰州：甘肃
    农业大学.

曲向荣，贾宏宇，张海荣，等，2000. 辽东湾芦苇湿地对陆源营养物质净化作用的初步
    研究[J]. 应用生态学报，11(2)：270-272.

尚士友，杜健民，李旭英，等，2003. 草型富营养化湖泊生态恢复工程技术的研究——
    内蒙古乌梁素海生态恢复工程试验研究[J]. 生态学杂志，22(6)：57-62.

沈善敏，1998. 中国土壤肥力[M]. 北京：中国农业出版社.

石玲，戴万宏，2010. 安徽省几种主要土壤有机碳含量及其组分研究[J]. 水土保持通
    报，30(2)：261-266.

宋长春，杨文燕，徐小锋，等，2004. 沼泽湿地生态系统土壤 CO_2、CH_4 动态及影响
    [J]. 环境科学，25(4)：1-6.

宋长春，张金波，张丽华，2005. 氮素输入影响下淡水湿地碳过程变化[J]. 地球科学
    进展，20(11)：1249-1255.

宋长春，2003. 湿地生态系统碳循环研究进展[J]. 地理科学，23(5)：622-628.

孙广友，1998. 横断山区沼泽与泥炭[M]. 北京：科学出版社.

孙雪利，刘景双，褚衍儒，2000. 三江平原小叶樟和毛果苔草中 N 素营养动态分析[J].
    应用生态学报，11(6)：893-897.

孙雪利，1998. 三江平原典型沼泽湿地氮循环研究[D]. 长春：中国科学院长春地理研
    究所.

孙志高，刘景双，王金达，等，2006. 三江平原不同群落小叶章种群生物量及氮、磷营
    养结构动态[J]，应用生态学报，17(2)：221-228.

陶水龙，林启美，1998. 土壤微生物量研究方法进展[J]. 土壤肥料(5)：15-18.

田昆，莫剑锋，陆梅，等，2004. 人为活动干扰对纳帕海湿地环境影响的研究[J]. 长江流域或资源与环境，13(5)：292-294.

田应兵，熊明彪，宋光煜，2004. 若尔盖高原湿地生态恢复过程中土壤有机质的变化研究[J]. 湿地科学，2(2)：88-93.

田应兵，熊明彪，熊晓山，等，2003. 若尔盖高原湿地土壤-植物系统有机碳的分布与流动[J]. 植物生态学报. 27(4)：490-495.

王其兵，李凌浩，白永飞，2000. 模拟气候变化对三种草原植物群落混合凋落物分解的影响[J]. 植物生态学报，24(6)：674-679.

王文颖，王启基，王刚，2006. 高寒草甸土地退化及其恢复重建对土壤碳氮含量的影响[J]. 生态环境，15(2)：362-366.

王毅勇，杨青，王瑞山，1999. 三江平原大豆田氮循环模拟研究[J]. 地理科学(6)：555-558.

魏晶，赵景柱，邓红兵，等，2005. 长白山高山冻原氮素生物循环及与北极冻原的对比[J]. 环境科学，26(2)：1-4.

吴春笃，沈明霞，储金宇，等，2006. 北固山湿地藨草氮磷积累和转移能力的研究[J]. 环境科学学报，26(4)：674-678.

武维华，2003. 植物生理学[M]. 北京：科学出版社.

熊汉锋，黄世宽，陈治平，等，2007. 梁子湖湿地植物的氮磷积累特征[J]. 生态学杂志，26(4)：466-470.

解成杰，郭雪莲，余磊朝，等. 2013. 滇西北高原纳帕海湿地土壤氮矿化特征[J]. 生态学报，33(24)：7782-7787.

解成杰，余磊朝，王山峰，等. 2016. 滇西北高原纳帕海湿地 N_2O 排放特征[J]. 湖北农业科学，55(6)：1410-1415.

徐德福，徐建民，王华胜，等，2005. 湿地植物对富营养化水体中氮、磷吸收能力研究[J]. 植物营养与肥料学报，11(5)：597-601.

徐治国，何岩，闫百兴，等，2006. 营养物及水位变化对湿地植物的影响[J]. 生态学杂志，25(1)：87-92.

闫芋，何文珊，陆健健，2006. 崇明东滩湿地植被演替过程中生物量与氮含量的时空变化[J]. 生态学杂志，25(9)：1019-1023.

杨继松，刘景双，于君宝，等，2006. 三江平原小叶章湿地枯落物分解及主要元素变化动态[J]. 生态学杂志，25(6)：597-602.

杨路华，沈荣开，覃奇志，2003. 土壤氮素矿化研究进展[J]. 土壤通报(6)：569-571.

杨青, 吕宪国. 1999. 三江平原湿地生态系统土壤呼吸动态变化的初探[J]. 土壤通报, 30(6): 254-256.

杨永兴, 2002. 国际湿地科学研究进展和中国湿地科学研究优先领域与展望[J]. 地球科学进展(4): 508-514.

尹炜, 李培军, 裘巧俊, 等, 2006. 植物吸收在人工湿地去除氮、磷中的贡献[J]. 生态学杂志, 25(2): 218-221.

于君宝, 刘景双, 刘淑霞, 等, 2004. 不同开垦年限黑土耕层有机无机复合体变化及有机碳组分分布特征[J]. 农业系统科学与综合研究, 20(3): 224-228.

张福珠, 梁辉, 章慧麟, 等, 1991. 怀柔山地油松林氮、磷、硫生物地球化学循环的研究[J]. 环境科学学报, 11(2): 131-140.

张金波, 宋长春, 杨文燕, 2005. 三江平原沼泽湿地开垦对表土有机碳组分的影响[J]. 土壤学报, 42(5): 857-859.

张文菊, 吴金水, 肖和艾, 等, 2004. 三江平原典型湿地剖面有机碳分布特征与积累现状[J]. 地球科学进展, 19(4): 558-563.

张荣祖, 2011. 对中国动物地理学研究的几点思考[J]. 兽类学报, 31(1): 5-9.

赵建刚, 陈章和, 2006. 单种和多种群落湿地对污水的净化效果和植物生长生物量研究[J]. 应用与环境生物学报, 12(2): 203-206.

赵建刚, 杨琼, 陈章和, 等, 2003. 几种湿地植物根系生物量研究[J]. 中国环境科学, 23(3): 290-294.

赵锦梅, 2006. 祁连山东段不同退化程度高寒草地土壤有机碳的储量研究[D]. 兰州: 甘肃农业大学.

种云霄, 胡洪营, 钱易, 2003. 大型水生植物在水污染治理中的应用研究进展[J]. 环境污染治理技术与设备, 4(2): 36-40.

朱清海, 曲向荣, 李秀珍, 2000. 苇田养分生物循环的研究[J]. 生态学杂志, 19(6): 21-23.

Adhikari C, Bronson K F, Panuallah G M, et al., 1999. On-farm soil N supply and N nutrition in the rice-wheat system of Nepal and Bangladesh [J]. Field Crops Research (64): 273-286.

Aerts R, 1997. Climate, leaf litter chemistry and leaf litter decomposition in terrestrial ecosystems: a triangular relationship [J]. Oikos, 79(3): 439-449.

Aerts R, 1996. Nutrient resorption from senescing leaves of perennials: are there general patterns [J]. Journal of Ecology, 84(4): 597-608.

Alicia S M, Roberto A D, 2003. Decomposition of and nutrient dynamics in leaf litter and roots of Poaligularis and Stipa gyneriodes [J]. Journal of Arid Environments, 55(3): 503-514.

Alongi D M, Pfitzner J, Trott L A, et al., 2005. Rapid sediment accumulation and microbial mineralization in forests of the mangrove Kandelia candel in the Jiulongjiang Estuary, China[J]. Estuarine, Coastal and Shelf Science, 63(4): 605-618.

Anderson J T, Smith L M, 2002. The effects of flooding regimes on decomposition of Polygonum pensylvanicum in playa wetlands (Southern Great Plains, USA) [J]. Aquatic botany. 74(2): 97-108.

Arunachalam A, Maithani K, Pandey H N, et al., 1998. Leaf litter decomposition and nutrient mineralization patterns in regrowing stands of a humid subtropical forest after tree cutting [J]. Forest Ecology and Management, 109(1-3): 151-161.

Atkinson R B, Cairns J, 2001. Plant decomposition and litter accumulation in depressional wetlands: functional performance of two wetland age classes that were created via excavation [J]. Wetlands(21): 354-362.

Barik S K, Mishra S, Ayyappan S, 2000. Decomposition patterns of unprocessed and processed lingo-cellulosicsin a freshwater fish pond [J]. Aquatic Ecology (34): 185-204.

Bannert A, Kleineidam K, Wissing L, et al., 2011. Changes in diversity and functional gene abundances of microbial communities involved in nitrogen fixation, nitrification, and denitrification in a Tidal Wetland versus paddy soils cultivated for different time periods[J]. Applied and Environmental Microbiology, 77(17) : 6109-6116.

Battle J M, Mihuc T B, 2000. Decomposition dynamics of aquatic macrophytes in the lower Atchafalaya, a large floodplain river [J]. Hydrobiologia(418): 123-136.

Bengtsson G, Bengtson P, Mansson K F, 2003. Gross nitrogen mineralization, immobilization, and nitrification rates as a function of soil C/N ratio and microbial activity [J]. Soil Biology and Biochemistry, 35(1): 143-154.

Berg M P, Verhoef H A, 1998. Ecological characteristics of a nitrogen-saturated coniferous forest in the Netherlands [J]. Biology and Fertility of Soil(26): 258-267.

Berit Arheimer, Hans B Wittgren, 2002. Modelling nitrogen removal in potential wetlands at the catchment scale [J]. Ecological Engineering, 19(1): 63-80.

Blair J M, Crossley D A, Callaham L C, 1992. Effects of litter quality and microarthropods on N-dynamics and retention of exogenous ^{15}N in decomposing litter [J]. Biology and Fertility of Soils(12): 241-252.

Bridgham S D, Megonigal J P, Keller J K, et al., 2006. The carbon balance of North American wetlands [J]. Wetlands, 26(4): 889-916.

Bridgham S D, Updegraff K, Pastor J, 2001. A comparison of nutrient availability indices along an ombrotrophic-minerotrophic gradient in Minnesota. wetlands [J]. Soil Science Society of America Journal(65): 259-269.

Brinson MM, Bradshaw D, Kane E S, 1984. Nutrient assimilative capacity of an alluvial floodplain swamp [J]. Journal of Applied Ecology, 21(3): 1041-1057.

CatherineSte-Mariea, Daniel Houleb, 2006. Forest floor gross and net nitrogen mineralization in three forest types in Quebec, Canada [J]. Soil Biology and Biochemistry, 38(8): 2135-2143.

Chapin III F. S, 1980. The mineral nutrition of wild plant [J]. Annual Review of Ecology and Systematics(11): 233-260.

Chen R, Twilley R R, 1999. A simulation model of organic matter and nutrient accumulation in mangrove wetland soils [J]. Biogeochemistry(44): 93-118.

ChenRonghua, Twilley Robert R, 1999. Patterns of mangrove forest structure and soil nutrient dynamics along the Shark river estury, Florida [J]. Estuaries, 22 (4): 955-970.

Christian R P, Lauchlan H F, David S, 2005. The interacting effects of temperature and plant community type on nutrient removal in wetland microcosms [J]. Bioresource Technology, 96(9): 1039-1047.

Coulson J C, Butterfield J, 1978. An investigation of the biotic factors determining the rates of plant decomposition on blanket bog [J]. Journal of Ecology, 66(2): 631-650.

Dahlman R C, Kucem C L, 1965. Root productivity and turnover in native prairie [J]. Ecology, 46(1/2), 84-89.

Darren S B, Gavin N R, Alison M M, et al., 2006. The short-term effects of salinization on anaerobic nutrient cycling and microbial community structure in sediment from a freshwater wetland[J]. Wetlands, 26(2): 455-464.

De Steven D, Toner M M, 2004. Vegetation of upper coastal plain depression wetlands: Environmental templates and wetland dynamics within a landscape framework [J]. Wetlands, 24(1): 23-42.

Debusk W F, Reddy K R, 2005. Litter decomposition and nutrient dynamics in a phosphorus enriched everglades marsh [J]. Biogeochemistry(75): 217-240.

Denef K, Six J, Bossuyt H, et al., 2001. Influence of dry-wet cycles on the interrelationship between aggregate, particulate organic matter, and microbial community dynamics [J]. Soil Biology and Biochemistry, 33(12-13): 1599-1611.

Denmead O T, 1983. Micrometeorological method for measuring gaseous losses of nitrogen in the field [C]. Freney J R, Simpson J R. Gaseous Losses of Nitrogen from Plant-soil Systems. Martinus Nijhoff/Dr Junk Publishers, 133-157.

Edward G T, Frank P D, 1990. Decomposition of roots in a seasonally flooded swamp ecosystem [J]. Aquatic Botany, 37(3): 199-214.

Edward R C, Frank P D, Robert B A, 2007. Influence of environment and substrate quality on root decomposition in naturally regenerating and restored Atlantic white cedar wetlands [J]. Wetlands(27): 1-11.

Ennabili A, Ater M, Radoux M, 1998. Biomass production and NPK retention in macrophytes from wetlands of the Tingitan Peninsula [J]. Aquatic Botany(62): 45-56.

Erik B, Schilling B, Graeme L, 2006. Relationship between productivity and nutrient circulation within two contrasting southeastern U. S. floodplain forests [J]. Wetlands (26), 181-192.

Ferris H, Venette R C, Meulen H R, et al., 1998. Nitrogen mineralization by bacterial-feeding nematodes: verification and measurement [J]. Plant and Soil. 203 (2): 159-171.

France R, Culbert H, Freeborough C, et al., 1997. Leaching and early mass loss of boreal leaves and wood in oligotrophic water [J]. Hydrobiologia, 345(2-3): 209-214.

Freeman C, Ostle N J, Fenner N, et al., 2004. A regulatory role for phenol oxidase during decomposition in peatlands [J]. Soil Biology and Biochemistry, 36 (10): 1663-1667.

Garver E G, Dubbe D R, Pratt D C, 1988. Seasonal patterns in accumulation and partitioning of biomass and macronutrients in Typha spp. [J]. Aquatic Botany, 32(1-2): 115-127.

Geurts J J M, Smolders A J P, Banach A M, et al., 2010. The interaction between decomposition, net N and P mineralization and their mobilization to the surface water in fens [J]. Water Research, 44(11) : 3487-3495.

Gessner M O, Hieber M, 2002. Contribution of stream detrivores, fungi, and bacteria to leaf breakdown based on biomass estimates [J]. Ecology, 83(4): 1026-1038.

Guo X L, Chen L, Zheng R B, et al, 2019. Differences in Soil Nitrogen Availability and Transformation in Relation to Land Use in the Napahai Wetland, Southwest China [J]. Journal of Soil Science and Plant Nutrition, 19(1) : 92-97.

HanF P, Hu W, Zheng J Y, et al., 2010. Estimating soil organic carbon storage and distribution in a catchment of Loess Plateau, China [J]. Geoderma, 154 (3-4): 261-266.

Graham P. S, 1992. Rate of microbial biomass carbon to soil organic carbon as a sensitive indicator changes in soil organic matter [J]. Australian Journal of Soil Research, 30(2): 195-207.

Groffman P M, Hanson G C, Erick Kiviat, et al., 1996. Variation in microbial biomass and activity in four different wetland types [J]. Soil Science Society of American Journal, 60 (2): 622-629.

Haramoto E R, Brainard D C, 2012. Strip tillage and oat cover crops increase soil moisture and influence N mineralization patterns in cabbage [J]. Hort science, 47 (11): 1596-1602.

Huryn A D, Huryn B, Arbuckle V M, et al., 2002. Catchment land-use, macroinvertebrates and detritus processing in headwater streams: Taxonomic richness versus function [J]. Freshwater Biology, 47(3): 401-415.

James H, Robert K N, 1993. Decomposition of Sparganium eurycarpum under controlled pH and nitrogen regimes [J]. Aquatic Botany, 46(1): 17-33.

Jonsson M, Malmqvist B, Hoffsten P O, 2001. Leaf litter breakdown rates in boreal streams: Does shredder species richness matter [J]. Freshwater Biology, 46(2): 161-172.

Kader M A, Sleutel S, Begum S A, et al., 2013. Nitrogen mineralization in sub-tropical paddy soils in relation to soil mineralogy, management, pH, carbon, nitrogen and iron contents [J]. European Journal of Soil Science, 64(1): 47-57.

Kang S, Kang H, Ko D, et al., 2002. Nitrogen removal from a riverine wetland: a field survey and simulation study of Phragmites japonica. Ecological Engineering [J]. 18(4): 467-475.

Keeney D R, Nelson D W, 1982. Nitrogen-inorganic forms // Page A L, Miller R H, Keeney D R, eds. Methods of Soil Analysis [M]. Part 2. Madison: American Society of Agronomy, Soil Science Society of America, 643-698.

Keddy P A, 2000. Wetland Ecology: Principles and Conservation [M]. Cambridge, UK: Cambridge University Press.

Killingbeck K T, 1996. Nutrient in senesced leaves: keys to the search for potential resorption and resorption proficiency [J]. Ecology, 77(6): 1716-1727.

Kittle D J, McGraw J B, Garbutt K, 1995. Plant litter decomposition in wetlands receiving acid mine drainage [J]. J. Environ. Qual, 24(2): 301-306.

Komínková D, Kuehn K A, Büsing N, et al., 2000. Microbial biomass, growth, and respiration associated with submerged litter of phragmites australis decomposing in a littoral reed stand of a large lake [J]. Aquatic Microbial Ecology, 22(3): 271-282.

Kuehn K A, Suberkropp K, 1998. Decomposition of standing litter of the freshwater emergent macrophyte Juncus effuses [J]. Freshwater Biology, 40(4): 717-727.

Lal R, 2004. Soil carbon sequestration impacts on global climate change and food security [J]. Science, 304(5677): 1623-1627.

Lang M, Cai Z C, Mary B, et al., 2010. Land-use type and temperature affect gross nitrogen transformation rates in Chinese and Canadian soils[J]. Plant and Soil, 334(1 / 2): 377-389.

Lauchlan H F, Jason P K, 2005. A comparative assessment of seedling survival and biomass accumulation for fourteen wetland plant species grown under minor water-depth differences [J]. Wetlands, 25(3): 520-530.

Lee AA, Bukaveckas P A, 2002. Surface water nutrient concentrations and litter decomposition rates in wetlands impacted by agriculture and mining activities [J]. Aquatic Botany, 74(4): 273-285.

Li Y S, Redmann R E, 1992. Nitrogen budget of Agropyron dasytachyum in Canadian mixed prairie [J]. The American Midland Naturalist, 128(1): 61-71.

Lilleb Ø A I, Flindt M R, Pardal MÃ, et al., 1999. The effect of macrofauna, meiofauna and microfauna the degradation of spartina maritime detritus from a salt marsh area[J]. Acta Oecologica, 20(4): 249-258.

Lim P E, Wong T F, Lim D V, 2001. Oxygen demand, nitrogen and copper removal by free-water-surface and subsurface-flow constructed wetlands under tropical conditions[J]. Environment International, 26(5): 425-431.

Lin C, Wood M, Haskins P, et al., 2004. Controls on water acidification and de-oxygenation in an estuarine waterway, eastern Australia [J]. Estuarine, Coastal and Shelf Science, 61(1): 55-63.

Liu Y, Muller R N, 1993. Aboveground net primary productivity and nitrogen mineralization in a mixed mesophtic forest of eastern Kentuky [J]. Foresty ecological management, 59 (1): 53-62.

Lockaby B G, W H Conner, 1999. N: P balance in wetland forests: productivity across a biogeochemical continuum [J]. The Botanical Review(65): 171-185.

Lovett, G M, Weathers KC, et al., 2004. Nitrogen cycling in a northern hardwood forest: do species matter [J]. Biogeochemistry, 67(3): 289-308.

Maag M, Vinther F P, 1996. Nitrous oxide emission by nitrification and denitrification in different soil types and at different soil moisture contents and temperature [J]. Applied Soil Ecology, 4(1): 5-14.

Margaret G, Anne W, 1999. Constructed wetlands in Queensland: Performance efficiency and nutrient bioaccumulation [J]. Ecological Engineering, 12(1): 39-55.

Marrs R H, Thompson J, Scott D, et al., 1991. Nitrogen mineralization and nitrification in terra firm forest and savanna soils on Ilha de Maraca, Roraima, Brazil [J]. Journal of Tropical Ecology. 79(1): 123-137.

Martin J F, Reddy K R, 1997. Interaction and spatial distribution of wetland nitrogen process [J]. Ecological Modelling, 105(1): 1-21.

Maysoon M M, Charles W R, George A M, 2005. Carbon and nitrogen mineralization as affected by drying and wetting cycles [J]. Soil Biology and Biochemistry, 37(2): 339-347.

Melillo J M, Naiman R J, Aber J D, et al., 1984. Factors controlling mass loss and nitrogen dynamics of plant litter decaying in northern streams [J]. Bull Marine Science(35): 341-356.

Michael J C, Kathleen C P, 2006. Decomposition of macrophyte litter in a subtropical constructed wetland in south Florida (USA) [J]. Ecological Engineering, 27(4): 301-321.

Min K, Kang H, Lee D, 2011. Effects of ammonium and nitrate additions on carbon mineralization in wetland soils [J]. Soil Biology and Biochemistry, 43(12): 2461-2469.

Mitsch W J, Gosselink J G, 2007, Wetlands[M]. 3rd. New York: John Wiley and Sons.

Noe G B, Hupp C R, Rybicki N B, 2013. Hydrogeomorphology influences soil nitrogen and phosphorus mineralization in floodplain wetlands[J]. Ecosystems, 16(1): 75-94.

Parton W. J., Schimel D. S., Cole C. V., et al., 1987. Analysis of factors controlling soil organic matter levels in great plains grasslands [J]. Soil Science Society of America Journal, 51(5): 1173-1179.

Post W. M., Kwon K. C, 2000. Soil carbon sequestration and land-use change: processes and potential [J]. Global Change Biology, 6(3): 317-327.

Prescott C E, Chappell H N, Vesterdal L, 2000. Nitrogen turnover in forest floors of coastal

Douglas-fir at sites differing in soil nitrogen capital[J]. Ecology, 81(7): 1878-1886.

Raija L, Jukka L, Carl C T, et al., 2004. Scots pine litter decomposition along drainage succession and soil nutrient gradients in peatland forests, and the effects of inter-annual weather variation [J]. Soil Biology and Biochemistry, 36(7): 1095-1109.

Reddy K R, Debusk, 1985. Nutrient removal potential of selected aquatic macrophytes [J]. Journal of Environmental Quality, 14(4): 459-462.

Roache M C, Bailey P C, Boon PI, 2006. Effects of salinity on the decay of the freshwater macrophyte Triglochin procerum [J]. Aquatic Botany, 84(1): 45-52.

Romero J A, Com in F A, Garcia C, 1999. Restored wetlands as filters to remove nitrogen [J]. Chemosphere, 39(2): 323-332.

Sanchez F G, 2001. Loblolly pine needle decomposition and nutrient dynamics as affected by irrigation, fertilization, and substrate quality [J]. Forest Ecology and Management, 152 (1-3): 85-96.

Satti P, Mazzarino M J, Gobbi M, et al., 2003. Soil N dynamics in relation to leaf litter quality and soil fertility in north-western Patagonian forests [J]. Journal of Ecology, 91 (2): 173-181.

Schlesinger W H, Hasey M M, 1981. Decomposition of chaparral shrub foliage: losses of organic and inorganic constituents from deciduous and evergreen leave [J]. Ecology, 62 (3): 762-774.

Sierra J, 1996. Nitrogen mineralization and its error of estimation under field conditions related to the light-fraction soil organic matter [J]. Australian Journal of Soil Research, 34(5): 755-767.

Sparrius L B, Kooijman A M, 2013. Nitrogen deposition and soil carbon content affect nitrogen mineralization during primary succession in acid inland drift sand vegetation [J]. Plant and Soil, 364(1-2): 219-228.

Stephen E D, Carlos C M, Daniel L C, et al., 2003, Temporally dependent C, N and P dynamics associated with the decay of Rhizophora mangle L. leaf litter in Oligotrophic Mangrove wetlands of the Southern Everglades [J]. Aquatic Botany, 75(3): 199-215.

Steven M. D, 1991. Growth, decomposition, and nutrient retention of Cladium jamaicense Crantz and Typha domingensis Pers. in the Florida Everglades [J]. Aquatic Botany, 40 (3): 203-224.

Steven S P, Douglas A M, Thomas D B, et al., 2006. Coupled nitrogen and calcium cycles in forests of the Oregon Coast Range [J]. Ecosystems, 9(1): 63-74.

Sun Z G, Liu J S, 2007. Nitrogen cycling of atmosphere-plant-soil system in the typical Calamagrostis angustifolia wetland in the Sanjiang Plain, Northeast China [J]. Journal of Environmental Sciences(19): 986-995.

Szumigalski A R, Bayley SE, 1996. Decomposition along a bog to rich fen gradient in central Alberta [J]. Canadian Journal of Botany, 74(4): 573-581.

Taylor B R, Ejdung G, Romare P, et al., 1996. Variable effects of air-drying on leaching losses from tree leaf litter [J]. Hydrobiologia, 325(3): 173-182.

Taylor B R, Parkinson D, Parsons W F J, 1989. Nitrogen and lignin content as predictors of litter decay-rates: a microcosm test [J]. Ecology, 70(1): 97-104.

Thormann M N, Bayley S E, 1997. Decomposition along a moderate-rich fen-marsh peatland gradient in boreal Alberta, Canada [J]. Wetlands, 17(1): 123-137.

Timo Domisch, Leena Finér, Jukka Laine, et al., 2006. Decomposition and nitrogen dynamics of litter in peat soils from two climatic regions under different temperature regimes [J]. European Journal of Soil Biology(42): 74-81.

Van derValk AG, Rhymer J M, Murkin H R, 1991. Flooding and the decomposition of litter of four emergent plant species in a prairie wetland [J]. Wetlands, 11(1): 1-16.

Vernimmen R R E, Verhoef H A, Verstraten J M, et al., 2007. Nitrogen mineralization, nitrification and denitrification potential in contrasting lowland rain forest types in Central Kalimantan, Indonesia. Soil Biology and Biochemistry, 39(12): 2992-3003.

Verhoeven J T A, Toth E, 1995. Decomposition of and litter in fens: Effects of litter quality and inhibition by living tissue homogenates [J]. Soil Biology and Biochemistry, 27(3): 271-275.

Villar C A, L de Cabo, Vaithiyanathan P, et al., 2001. Litter decomposition of emergent macrophytes in a floodplain marsh of the Lower Paraná River [J]. Aquatic Botany, 70 (2): 105-116.

Vitousek P M, Ha¨ttenschwiler S, Olander L, et al., 2002. Nitrogen and nature [J]. AMBIO: A Journal of the Human Environment, 31(2): 97-101.

Vitousek P M, R W Howarth, 1991. Nitrogen limitation on land and in the sea: How can it occur [J]. Biogeochemistry, 13(2): 87-115.

Wang W, Yung Y, Lacis A A, et al., 1976. Greenhouse effects due to manmade perturbation of trace gases [J]. Science, 194(4266): 685-690.

Watson R T, Noble I R, Bolin B, et al., 2000. Land use, land-use change and forestry: a special report of the Intergovernmental Panel on Climate Change [M]. Cambridge

University Press.

WillemKoerselman, Mueleman A F M, 1996. The vegetation N：P ratio：a new tool to detect the nature of nutrient limitation ［J］. Journal of Applied Ecology（33）：1441-1450.

Wrubleski D A, Murkin H R, Arnold G, et al., 1997. Decomposition of emergent macrophyte roots and rhizomes in a northern prairie marsh ［J］. Aquatic Botany, 58(2)：121-134.

Xie Y H, Wen M Z, Yu D, 2004. Growth and resource allocation of water hyacinth as affected by gradually increasing nutrient concentrations ［J］. Aquatic Botany（79）：257-266.

附录1
纳帕海国际重要湿地植物名录

科	物种中文名	物种拉丁名	备注
松科 Pinaceae	丽江云杉	*Picea likiangensis*	陆
	华山松	*Pinus armandii*	陆
柏科 Cupresaceae	香柏	*Sabina pingii* var. *wilsonii*	陆
	高山柏	*Sabina squamata*	陆
麻黄科 Ephedraceae	丽江麻黄	*Ephedra likiangensis*	陆
毛茛科 Ranunculaceae	短柄乌头	*Aconitum brachypodum*	陆
	展毛柄乌头	*Aconitum brachypodum* var. *laxiflorum*	陆
	哈巴乌头	*Aconitum habaense*	陆
	毛萼瓜叶乌头	*Aconitum hemsleyanum*	陆
	缺刻乌头	*Aconitum incisofidum*	陆
	德钦乌头	*Aconitum ourrardianum*	陆
	铁棒锤	*Aconitum pendulum*	陆
	中甸乌头	*Aconitum piepunense*	陆
	新都桥乌头	*Aconitum tongolense*	陆
	土官村乌头	*Aconitum tuguancunense*	陆
	竞生乌头	*Aconitum yangii*	陆
	展毛竞生乌头	*Aconitum yangii* var. *villoulum*	陆
	短柱侧金盏花	*Adonis brevistyla*	陆
	展毛银莲花	*Anemone demissa*	沼
	疏齿银莲花	*Anemone obtusiloba* subsp. *ovalifolia*	陆
	草玉梅	*Anemone rivularis*	陆
	岩生银莲花	*Anemone rupicola*	陆
	直距耧斗菜	*Aquilegia rockii*	陆
	硬叶水毛茛	*Batrachium foeniculaceum*	水
	掌裂驴蹄草	*Caltha palustris*	沼
	驴蹄草	*Caltha palustris*	沼
	空茎驴蹄草	*Caltha palustris* var. *barthei*	沼
	花葶驴蹄草	*Caltha scaposa*	沼

（续）

科	物种中文名	物种拉丁名	备注
毛茛科 Ranunculaceae	升麻	*Cimicifuga foetida*	陆
	滇升麻	*Cimicifuga yunnanensis*	陆
	铁线莲	*Clematis florida*	陆
	丽江铁线莲	*Clematis argentilucida* var. *likiangensis*	陆
	绣球藤	*Clematis montana*	陆
	滇川翠雀花	*Delphinium delavayi*	陆
	短距翠雀花	*Delphinium forrestii*	陆
	澜沧翠雀花	*Delphinium thibeticum*	陆
	阴地翠雀花	*Delphinium umbrosum*	陆
	滇金莲花	*Trollius ranunculoides*	陆
	云生毛茛	*Ranunculus longicaulis* var. *nephelogenes*	沼
	曲升毛茛	*Ranunculus longicaulis* var. *geniculatus*	沼
	川滇毛茛	*Clematis clarkeana* var. *stenophylla*	沼
	高原毛茛	*Ranunculus tanguticus*	沼
	滇毛茛	*Ranunculus yunannensis*	沼
	直梗高山唐松草	*Thalictrum alpinum* var. *elatum*	陆
	爪哇唐松草	*Thalictrum javanicum*	陆
	帚枝唐松草	*Thalictrum virgatum*	陆
	丽江唐松草	*Thalictrum wangii*	陆
	条叶银莲花	*Anemone trullifolia* var. *linearis*	陆
小檗科 Berberidaceae	美丽小檗	*Berberis amoena*	陆
	无粉刺红珠	*Berberis dictyophylla* var. *epruinosa*	陆
	川滇小檗	*Berberis jamesiana*	陆
	光叶小檗	*Berberis lecomtei*	陆
	平滑小檗	*Berberis levis*	陆
	小花小檗	*Berberis minutiflora*	陆
	淡色小檗	*Berberis pallens*	陆
	粉叶小檗	*Berberis pruinosa*	陆
	假藏小檗	*Berberis pseudo tibetica*	陆
	小叶小檗	*Berberis wilsonae* var. *parvifolia*	陆
鬼臼科 Podophyllaceae	桃儿七	*Sinopodophyllum hexandrum*	陆
马兜铃科 Aristolochiaceae	小马兜铃	*Aristolochia gebtilis*	陆

（续）

科	物种中文名	物种拉丁名	备注
罂粟科 Papaveraceae	全缘叶绿绒蒿	*Meconopsis integrifolia*	陆
紫堇科 Fumariaceae	纤细黄堇	*Corydalis gracillima*	陆
	中甸黄堇	*Corydalis zhongdianensis*	陆
十字花科 Cruciferae	小花南芥	*Arabis alpina* var. *parvigloar*	陆
	垂果南芥	*Arabis pendula*	陆
	紫苔菜	*Brassica campestris* var. *purpuraria*	陆
	弹裂碎米荠	*Cardamine impatiens*	沼
	波齿叶糖芥	*Erysimum sinuatum*	沼
	高蔊菜	*Rorippa elata*	沼
	沼泽蔊菜	*Rorippa palustris*	沼
	遏蓝菜	*Thlaspi arvense*	陆
堇菜科 Violaceae	硬毛双花堇菜	*Viola biflora* var. *hirsuta*	陆
	粗齿堇菜	*Viola urophylla*	陆
景天科 Crassulaceae	长鞭红景天	*Rhodiola fastigiata*	陆
	长圆红景天	*Rhodiola forrestii*	陆
	滇红景天	*Rhodiola yunnanensis*	陆
	馒瓣景天	*Sedum trullipetalum*	陆
虎耳草科 Saxifragaceae	长梗金腰	*Chrysosplenium axillare*	陆
	锈毛金腰	*Chrysosplenium davidianum*	陆
	单花金腰	*Chrysosplenium uniflorum*	陆
	挂苦绣球	*Hydrangea xanthoncura*	陆
	凹瓣梅花草	*Parnassia mysorensis*	沼
	细叉梅花草	*Parnassia oreophila*	沼
	滇山梅花	*Philadelphus delavayi*	陆
	曲萼茶藨子	*Ribes griffithii*	陆
	渐尖茶藨子	*Ribes takare*	陆
	细枝茶藨子	*Ribes tenue*	陆
	七叶鬼灯擎	*Rodgersia aesculifolia*	陆
	短叶虎耳草	*Saxifraga brachyphylla*	陆
	异叶虎耳草	*Saxifraga diversifolia*	陆
	狭苞异叶虎耳草	*Saxifraga diversifolia* var. *angustibracteata*	陆
	线茎虎耳草	*Saxifraga filicaulis*	陆
	大柱头虎耳草	*Saxifraga macrostigma*	陆
	山地虎耳草	*Saxifraga montana*	陆
	垂头虎耳草	*Saxifraga nigroglandulifera*	陆

（续）

科	物种中文名	物种拉丁名	备注
虎耳草科 Saxifragaceae	多叶虎耳草	*Saxifraga pallida*	陆
	豹纹虎耳草	*Saxifraga pardanthina*	陆
	瓣虎耳草	*Saxifraga pesudohirculus*	陆
	美丽虎耳草	*Saxifraga pulchra*	陆
	流苏虎耳草	*Saxifraga wallichiana*	陆
石竹科 Caryophyllaceae	雪山无心菜	*Arenaria schneideriana*	陆
	滇缀	*Arenaria yunnanensis*	陆
	荷莲豆	*Drymaria diandra*	陆
	金铁锁	*Psammosilene tunicoides*	陆
	细蝇子草	*Silene gracilicaulis*	陆
	长柄蝇子草	*Silene longipes*	陆
	大叶繁缕	*Stellaria delavayi*	陆
	高山雀舌草	*Stellaria uliginosa* var. *alpina*	陆
马齿苋科 Portulacaceae	马齿苋	*Portulaca oleracea*	沼
蓼科 Polygonaceae	小叶蓼	*Polygonum delicatulum*	沼
	酸模叶蓼	*Polygonum lapathifolium*	沼
	圆穗蓼	*Polygonum macrophyllum*	沼
	狭叶圆穗蓼	*Polygonum macrophyllum* var. *stenophyllum*	沼
	大海蓼	*Polygonum milletii*	沼
	羽叶蓼	*Polygonum runcinatum*	沼
	翅柄蓼	*Polygonum sinomontanum*	沼
	支柱蓼	*Polygonum suffultum*	沼
	细穗支柱蓼	*Polygonum suffultum* var. *pergracile*	沼
	心叶大黄	*Rheum officinale*	沼
	水黄	*Rumex alexandrae*	沼
	尼泊尔酸模	*Rumex nepalensis*	沼
商陆科 Phytolaccaceae	商陆	*Phytolacca acinosa*	陆
	多蕊商陆	*Phytolacca polyandra*	陆
藜科 Chenopodiaceae	千针苋	*Acroglochin persicarioides*	陆
	藜	*Chenopodium album*	陆
	土荆芥	*Chenopodium ambrosioides*	陆
	杂配藜	*Chenopodium hybridum*	陆
	地肤	*Kochia scoparia*	陆
	猪毛菜	*Salsola collina*	陆

（续）

科	物种中文名	物种拉丁名	备注
苋科 Amaranthaceae	钝叶土牛膝	*Achyranthes aspera* var. *indica*	陆
	头花杯苋	*Cyathula capitata*	陆
	川牛膝	*Cyathula officinalis*	陆
亚麻科 Linaceae	豆麻	*Linum perenne*	陆
牻牛儿苗科 Geraniaceae	亮白紫地榆	*Geranium candicans*	沼
	反瓣老鹳草	*Geranium refractum*	沼
	狭根茎老鹳草	*Geranium stenorrhizum*	沼
酢浆草科 Oxalidaceae	北鳞酢浆草	*Oxalis cetosella*	沼
凤仙花科 Balsaminaceae	中甸凤仙花	*Impatiens chungtienensis*	沼
	无距凤仙花	*Impatiens margaritifera*	沼
	细距凤仙花	*Impatiens microcentra*	沼
	紫花凤仙花	*Impatiens purpurea*	沼
	滇凤仙花	*Impatiens uliginosa*	沼
柳叶菜科 Onagraceae	高原露珠草	*Circaea alpina* subsp. *Imaicola*	沼
	露珠草	*Circaea lutetiana*	沼
	南方露珠草	*Circaea mollis*	沼
	华西柳叶菜	*Epilobium cylindricum*	沼
	滇藏柳叶菜	*Epilobium wallichianum*	沼
杉叶藻科 Hippuridaceae	杉叶藻	*Hippuris vulgaris*	水
瑞香科 Thymelaeacene	滇瑞香	*Daphne feddei*	陆
	丝毛瑞香	*Daphne holosericea*	陆
	黄花甘遂	*Stellera chamaejasme*	陆
	细叶荛花	*Wikstroemia leptophylla*	陆
	短总序荛花	*Wikstroemia capitato-racemosa*	陆
	德钦荛花	*Wikstroemia techinensis*	陆
紫茉莉科 Nyctaginaceae	粘腺果	*Commicarpus chinensis*	陆
	中华紫茉莉	*Mirabilis himalaica* var. *chinensis*	陆
海桐花科 Pittosporaceae	异叶海桐	*Pittosporum heterophyllum*	陆
柽柳科 Tamaricaceae	三春柳	*Myricaria spuamosa*	陆
金丝桃科 Hypercaceae	黄海棠	*Hypericum ascyron*	陆
鼠刺科 Iteaceae	滇鼠刺	*Itea yunnanensis*	陆

（续）

科	物种中文名	物种拉丁名	备注
	微毛樱桃	*Prunus clarofolia*	陆
	山楂叶樱桃	*Prunus crataegifolius*	陆
	雕核樱桃	*Prunus pleiocerasus*	陆
	细齿樱桃	*Prunus serrula*	陆
	尖叶荀子	*Cotoneaster acouminatus*	陆
	平枝荀子	*Cotoneaster horizontalis*	陆
	中甸荀子	*Cotoneaster langei*	陆
	小叶荀子	*Cotoneaster microphyllus*	陆
	滇西山楂	*Crataegus oresbia*	陆
	金露梅	*Potentilla fruticosa*	陆
	白毛金露梅	*Potentilla fruticosa* var. *albicans*	陆
	银露梅	*Potentilla glabra*	陆
	伏毛银露梅	*Potentilla glabra* var. *veitchii*	陆
	小叶金露梅	*Potentilla parvifolia*	陆
	锈脉蚊子草	*Filipendula vestita*	陆
	纤细草莓	*Fragaria gracilis*	陆
蔷薇科	滇草莓	*Fragaria moupimensis*	陆
Rosaceae	草莓	*Fragaria vesca*	陆
	丽江山荆子	*Malus rockii*	陆
	细齿稠李	*Padus obtusata*	陆
	楔叶委陵菜	*Potentilla cuneata*	沼
	翻白草	*Potentilla discolor*	沼
	西南委陵菜	*Potentilla fulgens*	沼
	银叶委陵菜	*Potentilla leuconota*	沼
	腺毛委陵菜	*Potentilla longifolva*	陆
	总梗委陵菜	*Potentilla peduncularis*	陆
	多叶委陵菜	*Potentilla polyphlla*	陆
	华西委陵菜	*Potentilla potaninii*	陆
	裂叶华西委陵菜	*Potentilla potaninii* var. *compsophylla*	陆
	裂叶钉柱委陵菜	*Potentilla potaninii* var. *jacquemontii*	陆
	腺果大叶蔷薇	*Rosa macrophylla* var. *glandulifera*	陆
	华西蔷薇	*Rosa moyesii*	陆
	峨眉蔷薇	*Rosa omeiensis*	陆
	川滇蔷薇	*Rosa soulieana*	陆

（续）

科	物种中文名	物种拉丁名	备注
蔷薇科 Rosaceae	粉枝梅	*Rubus biflorus*	陆
	柔毛莓叶悬钩子	*Rubus fragarioides* var. *pubescens*	陆
	掌裂悬钩子	*Rubus pentagonus*	陆
	侏儒花楸	*Sorbus poteriifolia*	陆
	多对西康花楸	*Sorbus prattii* var. *aestivalis*	陆
	西南花楸	*Sorbus rehderiana*	陆
	锈毛西南花楸	*Sorbus rehderiana* var. *cupreonitens*	陆
	马蹄黄	*Spenceria ramalana*	陆
	川滇绣线菊	*Spiraea schneideriana*	陆
豆科 Legunimosa	梭果黄芪	*Astragalus ernestii*	陆
	黄绿黄芪	*Astragalus flavovirens*	陆
	黑毛多枝黄芪	*Astragalus polycladus*	陆
	一花黄芪	*Astragalus prattii*	陆
	滇锦鸡儿	*Caragana franchetiana*	陆
	中甸岩黄芪	*Hedysarum thiochroum*	陆
	稻城木兰	*Indigofera daochengensis*	陆
	无翅山黧豆	*Lathyrus palustris*	陆
	绒叶山黧豆	*Lathyrus pratensi*	陆
	黑萼棘豆	*Oxytropis melanocalyx*	陆
	黄花木	*Piptanthus nepalensis*	陆
	高山黄华	*Thermopsis alpina*	陆
杨柳科 Salicaceae	山杨	*Populus davidiana*	陆
	川杨	*Populus szechuanica*	陆
	奇花柳	*Salix atopantha*	陆
	白背柳	*Salix balfouriana*	陆
	双柱柳	*Salix bistyla*	陆
	中华柳	*Salix cathayana*	陆
	乌柳	*Salix cheilophila*	陆
	腹毛柳	*Salix delavayana*	陆
	林柳	*Salix driophila*	陆
	银背柳	*Salix ernesti*	陆
	吉拉柳	*Salix gilashanica*	陆
	丝毛柳	*Salix luctuosa*	陆
	密穗柳	*Salix pycnostachya*	陆

（续）

科	物种中文名	物种拉丁名	备注
杨柳科 Salicaceae	毛枝小柳	*Salix oritrepha*	陆
	华西柳	*Salix occidentali sinensis*	陆
	康定柳	*Salix paraplesia*	陆
	五蕊柳	*Salix pentandra*	陆
	藏截矮柳	*Salix resectoides*	沼
	黄花垫柳	*Salix souliei*	陆
	灰叶柳	*Salix spodiophylla*	陆
桦木科 Betulaceae	高山桦	*Betula delavayi*	陆
壳斗科 Fagaceae	滇高山栎	*Quercus aquifololodes*	陆
	黄背栎	*Quercus pannosa*	陆
	刺叶高山栎	*Quercus spinosa*	陆
榆科 Ulmaceae	脉山黄麻	*Trema levigata*	陆
	毛枝榆	*Ulmus androssowii* var. *virgata*	陆
	兴山榆	*Ulmus bergmanniana*	陆
桑科 Moraceae	蒙桑	*Morus mongolica*	陆
荨麻科 Urticaceae	钝叶楼梯草	*Elatostema obtusum*	沼
	珠芽艾麻	*Laportea bulbifera*	沼
	大叶冷水花	*Pilea martinii*	沼
	透茎冷水花	*Pilea pumila*	沼
卫矛科 Celastraceae	角翅卫矛	*Euonymus cornutus*	陆
	无毛小卫矛	*Euonymus nanoides*	陆
	八宝茶	*Euonymus przewalskii*	陆
桑寄生科 Loranthaceae	栗寄生	*Korthalsella japonica*	陆
	显脉柏寄生	*Taxillus caloreas* var. *fargesii*	陆
	柳树寄生	*Taxillus delavayi*	陆
	绿茎槲寄生	*Viscum Nudum*	陆
檀香科 Santalaceae	西域百蕊草	*Thesium himalense*	陆
蛇菰科 Balanophoraceae	筒鞘蛇菰	*Balanophora involucrata*	陆
鼠李科 Rhamnaceae	滇勾儿茶	*Berchemia yunnanensis*	陆
胡颓子科 Elaeagnaceae	滇沙棘	*Hippophae rhamncidea* ssp. *yunnanensis*	陆
苦木科 Simaroubaceae	光序苦树	*Picrasma guassioides*	陆
槭树科 Acearaceae	川滇长尾槭	*Acer caudatum* var. *prattii*	陆
	硫花槭	*Acer placiflorum*	陆
	篦齿槭	*Acer pectinatum*	陆

（续）

科	物种中文名	物种拉丁名	备注
山茱萸科 Cornaceae	凉生木	*Cornus alsophila*	陆
	青荚叶	*Helwingia japonica*	陆
五加科 Araliaceae	吴茱萸叶五加	*Acanthopanax evodiaefolius*	陆
	细梗吴萸叶五加	*Acanthopanax evodiaefolius*	陆
	毛藤五加	*Acanthopanax leucorrhizus*	陆
	芹叶龙眼独活	*Aralia apioides*	陆
	竹节参	*Panax japonicus*	陆
	珠子参	*Panax japonicus*	陆
	珠子参	*Panax japonicus*	陆
伞形科 Umbelliferae	星叶丝瓣芹	*Acronema astrantiifolium*	陆
	锡金丝瓣芹	*Acronema hookeri*	陆
	圆锥丝瓣芹	*Acronema paniculatum*	陆
	积雪草	*Centella asiatica*	沼
	绿花矮泽芹	*Chamaesium viridiflorum*	沼
	绿花矮泽芹	*Chamaesium viridiflorum*	沼
	草球芹	*Haplospharea phaea*	陆
	中甸独活	*Heracleum forrestii*	陆
	裂叶独活	*Heraeleum millefolium*	陆
	钝叶独活	*Heracleum obtusifolium*	陆
	山地独活	*Heracleum oreocharis*	陆
	独翅独活	*Heracleum stenopterun*	陆
	类脉藁本	*Ligusticum calophlebicum*	陆
	多苞藁本	*Ligusticum involucratum*	陆
	细裂藁本	*Ligusticum tenuisectum*	陆
	蕨叶藁本	*Ligusticm npteridophyllum*	陆
	菱叶紫菊	*Notoseris rhombiformis*	陆
	丽江茴芹	*Pimpinella rockii*	陆
	翼叶棱子芹	*Pleurospermum decurrens*	陆
	松叶西风芹	*Seseli yunnanense*	陆
	裂苞舟瓣芹	*Sinolimprichtia alpina* var. *dissecta*	陆
	滇瘤果芹	*Trachydium kingdon-wardii*	陆
杜鹃花科 Ericaceae	腺房杜鹃	*Rhododendron adenogynum*	陆
	楔叶杜鹃	*Rhododendron cuneatum*	陆
	密枝杜鹃	*Rhododendron fastigiatum*	陆
	亮鳞杜鹃	*Rhododendron heliolepis*	陆

（续）

科	物种中文名	物种拉丁名	备注
杜鹃花科 Ericaceae	灰背杜鹃	*Rhododendron hippophaeoides*	陆
	山育杜鹃	*Rhododendron oreotrephes*	陆
鹿蹄草科 Pyrolaceae	大理鹿蹄草	*Pyrola forrestiana*	沼
水晶兰科 Monotropaceae	毛花松下兰	*Monotropa hypopitys* var. *hirsuta*	陆
木樨科 Oleaceae	管花木樨	*Osmanthus delavayi*	陆
	四蜀丁香	*Syringa komarovii*	陆
茜草科 Rubitaceae	西南拉拉藤	*Galium elegans* var. *ngustifolim*	陆
	六叶律	*Galium asperuloides*	陆
	茜草	*Rubia cordifolia*	陆
忍冬科 Caprifoliaceae	滇双盾木	*Dipelta yunnanensis*	陆
	蓝果忍冬	*Lonicera caerulea*	陆
	刚毛忍冬	*Lonicera hispida*	陆
	杯萼忍冬	*Lonicera inconspicua*	陆
	柳叶忍冬	*Lonicera lanceolata*	陆
	理塘忍冬	*Lonicera litangensis*	陆
	陇塞忍冬	*Lonicera tangutica*	陆
	长叶毛花忍冬	*Lonicera trichosantha* var. *xerocalyx*	陆
	齿叶忍冬	*Lonicera setifera*	陆
	穿心莲子镳	*Triosetum himalayaum*	陆
	桦叶荚蒾	*Viburnum betulifolium*	陆
	甘荚蒾	*Viburnum kansuensis*	陆
败酱科 Valerianaceae	甘松香	*Nardostachys jatamansi*	陆
	大花刺萼参	*Acanthocalyx delavayi*	陆
	刺萼参	*Echinocodon lobophyllus*	陆
	细叶刺参	*Echinocodon neplalensis*	陆
川续断科 Dipsacaceae	大头川续断	*Dipsacus chinensis*	陆
	大头川续断	*Dipsacus chinensis*	陆
菊科 Asteraceae	厚叶兔耳风	*Ainsliaea crassifolia*	陆
	兴叶兔耳风	*Ainsliaea glabra*	陆
	长穗兔耳风	*Ainsliaea henryi*	陆
	芋兰叶兔耳风	*Ainsliaea* sp.	陆
	宽穗兔耳风	*Ainsliaea triflora*	陆
	丝毛飞廉	*Carduus crispus*	陆
	多花亚菊	*Ajania myriantha*	陆

（续）

科	物种中文名	物种拉丁名	备注
菊科 Asteraceae	栎叶亚菊	*Ajania quercifolia*	陆
	纤枝香青	*Anaphalis gracilis*	陆
	尼泊尔香青	*Anaphalis nepalensis*	陆
	莳萝蒿	*Artemisia anethoides*	陆
	茵陈蒿	*Artemisia capillaries*	陆
	大籽蒿	*Artemisia sieversiana*	陆
	牛尾蒿	*Artemisia dubia*	陆
	短毛紫苑	*Aster brachytrichus*	陆
	等苞紫苑	*Aster homochlamydeus*	陆
	缘毛紫苑	*Aster souliei*	陆
	东俄洛紫苑	*Aster tongolensis*	陆
	婆婆针	*Bidens bipinnata*	陆
	纤枝艾纳香	*Blumea veronicifolia*	陆
	石胡荽（鹅不含草）	*Centipeda minima*	陆
	毛鳞菊一种	*Chaetoseris* sp.	陆
	南蓟	*Cirsium argyrancanthum*	陆
	熊胆草	*Conyza blinii*	陆
	小飞蓬	*Conyza canadensis*	陆
	羽裂白酒草	*Conyza stricta*	陆
	向日垂头菊	*Cremanthodium helianthus*	陆
	垂头菊	*Cremanthodium reniforme*	陆
	长柱垂头菊	*Cremanthodium rhodocephalum*	陆
	还阳参一种	*Crepis* sp.	陆
	厚叶川木香	*Dolomiaea berardioidea*	陆
	菜木香	*Dolomiaea edulis*	陆
	小叶木香	*Dolomiaea* sp.	陆
	短葶飞蓬	*Erigeron breviscapus*	陆
	无毛多舌飞蓬	*Erigeron multiradiatus*	陆
	异叶泽兰	*Eupatorium heterophyllum*	陆
	鼠麦草	*Gnaphalium affine*	陆
	锈毛旋覆花	*Inula hookeri*	陆
	翼茎羊耳菊	*Inula pterocaula*	陆
	榨叶小苦荬	*Ixeridium graminaum*	陆
	大丁草	*Gerbera anandria*	陆
	坚杆火绒草	*Leontopodium haplophylloides*	陆

（续）

科	物种中文名	物种拉丁名	备注
菊科 Asteraceae	黑紫囊吾	*Ligularia atroviolacea*	沼
	黄亮囊吾	*Ligularia caloxantha*	沼
	密毛囊吾	*Ligularia coniferiflora*	沼
	宽叶囊吾	*Ligularia enryphylla*	沼
	牛蒡叶囊吾	*Ligularia lapathifolia*	沼
	黑苞囊吾	*Ligularia melanocephala*	沼
	侧茎囊吾	*Ligularia pleurocaulis*	沼
	纤细囊吾	*Ligularia tenuicaulis*	沼
	仓山囊吾	*Ligularia tsangcbanensis*	沼
	单头乳苣	*Mulgedium monocephalum*	陆
	羽裂粘冠草	*Myriactis delevayi*	陆
	栉叶蒿	*Neopallasia pectinata*	陆
	五裂蟹甲草	*Parasenecio quinquelobus*	陆
	阔柄蟹甲草	*Parasenecio latipes*	陆
	丽江蟹甲草	*Parasenecio lidjiangensis*	陆
	掌裂蟹甲草	*Cacalia palmatisecta*	陆
	毛裂蜂斗菜	*Petasites tricholobus*	陆
	毛莲菜	*Picris hieracioides*	陆
	川西小黄菊	*Pyrethrum tatsienense*	陆
	尾叶风毛菊	*Saussurea caudata*	陆
	百裂风毛菊	*Saussurea centiloba*	陆
	中甸风毛菊	*Saussurea dschungdienensis*	陆
	柳叶菜风毛菊	*Saussurea epilobioides*	陆
	狮牙草状风毛菊	*Saussurea leontodontoides*	陆
	半蓼叶风毛菊	*Saussurea semilyrata*	陆
	白背风毛菊	*Saussurea uriculata*	陆
	长叶雪莲	*Saussurea longifolia*	陆
	带裂风毛菊	*Saussurea loriformis*	陆
	鸢尾叶风毛菊	*Saussurea romuleifolia*	陆
	多裂风毛菊	*Saussurea sp.*	陆
	星状风毛菊	*Saussurea stella*	陆
	蒲公英风毛菊	*Saussurea taracacifolia*	陆
	匙叶千里光	*Senecio spathiphyllus*	陆
	滇麻花头	*Serratula forrestii*	陆
	稀莶	*Siegesbeckia pubescens*	陆

（续）

科	物种中文名	物种拉丁名	备注
菊科 Asteraceae	腺梗豨莶	*Siegesbeckia pubescens*	陆
	大理细莴苣	*Stenoseris taliensis*	陆
	华蒲公英	*Taraxacum sinicum*	陆
	苍叶蒲公英	*Taraxacum glaucophyllum*	陆
	锡金蒲公英	*Taraxacum sikkimense*	陆
	滇北蒲公英	*Taraxacum suberiopodum*	陆
	山叶蟛蜞菊	*Wedelia wallichii*	陆
	总序黄鹌菜	*Youngia racemifera*	陆
	黄鹌菜一种	*Youngia sp.*	陆
龙胆科 Gentianaceae	假条纹龙胆	*Gentiana striata*	沼
	刺芒龙胆	*Gentiana aristata*	陆
	秀丽龙胆	*Gentiana bella*	陆
	天蓝龙胆	*Gentiana caelestis*	沼
	粗茎秦艽	*Gentiana crassicaulis*	沼
	喜湿龙胆	*Gentiana helophila*	沼
	蓝白龙胆	*Gentiana leucomelaena*	陆
	滇龙胆草	*Gentiana rigescens*	陆
	藏秦艽	*Gentiana tibetica*	陆
	扁蕾	*Gentianopsis barbata*	沼
	回旋扁蕾	*Gentianopsis contorta*	沼
	大花扁蕾	*Gentianopsis grandis*	陆
	椭圆叶花锚	*Halenia elliptica*	陆
	滇獐牙菜	*Swertia yunnanensis*	陆
	黄秦花	*Veratrilla baillonii*	陆
报春花科 Primulaceae	海仙报春	*Primula helodoxa*	沼
	带叶报春	*Primula vittata*	沼
白花丹科 Plumbaginaceae	小蓝雪花	*Ceratostigma minus*	陆
车前科 Plantaginaceae	车前	*Plantago asiatica*	陆
	大车前	*Plantago major*	陆
桔梗科 Campanulaceae	天蓝沙参	*Adenophora coelestis*	陆
	滇藏风铃草	*Campanula modesta*	陆
	中甸蓝钟花	*Cyananthus chungdianensis*	陆
	大萼蓝钟花	*Cyananthus macrocalyx*	陆
	小菱叶蓝钟花	*Cyananthus microrhombeus*	陆

（续）

科	物种中文名	物种拉丁名	备注
紫草科 Boraginaceae	锚刺倒提壶	*Cynoglossum glochidiatum*	陆
	暗淡倒提壶	*Cynoglossum triste*	陆
	叉花倒提壶	*Cynoglossum zeylanicum*	陆
	微孔草	*Microula sikkimensis*	陆
	扭梗附地菜	*Trigonotis delicatula*	陆
茄科 Solanaceae	茄参	*Mandragora caulescens*	沼
菟丝子科 Cuscutaceae	欧洲菟丝子	*Cuscuta europaea*	陆
玄参科 Scrophulariaceae	短腺小米草	*Euphrasia regelii*	陆
	有梗鞭打绣球	*Hemiphragma heterophyllum*	沼
	川头状马先蒿	*Pedicularus cephalantha*	沼
	川头花马先蒿	*Pedicularus cephalantha*	沼
	聚花马先蒿	*Pedicularis confertiflora*	沼
	弱小马先蒿	*Pedicularis debilis*	沼
	周楣马先蒿	*Pedicularis fengii*	沼
	鹤首马先蒿	*Pedicularis gruina*	沼
	西南马先蒿	*Pedicularis labordei*	沼
	斑唇马先蒿	*Pedicularis longiflora*	沼
	多齿马先蒿	*Pedicularis polyodonta*	沼
	假头花马先蒿	*Pedicularis pseudocephalantha*	沼
	大王马先蒿	*Pedicularis rex*	沼
	草甸马先蒿	*Pedicularis roylei*	沼
	球状马先蒿	*Pedicularis strobilacea*	沼
	华丽马先蒿	*Pedicularis superba*	沼
	三叶马先蒿	*Pedicularis ternata*	沼
	毛盔马先蒿	*Pedicularis trichoglossa*	沼
	马鞭草叶马先蒿	*Pedicularis verbenaefolia*	沼
	小婆婆纳	*Veronica serpyllifolia*	沼
	多毛川婆婆那	*Veronica szechuanica*	沼
	丁座草	*Boschniakia himalaica*	陆
	鸡肉参	*Incarvillea mairei*	陆
唇形科 Lamiaceae	弯花筋骨草	*Ajuga campylantha*	陆
	香薷	*Elsholtzia ciliata*	陆
	毛萼香薷	*Elsholtzia eriocalyx*	陆
	高原香薷	*Elsholtzia feddei*	陆

（续）

科	物种中文名	物种拉丁名	备注
唇形科 Lamiaceae	川滇香薷	*Elsholtzia souliei*	陆
	鼬瓣花	*Galeopsis bifida*	陆
	密花荆芥	*Nepeta densiflora*	陆
	穗花荆芥	*Nepeta laevigata*	陆
	疏毛深紫糙苏	*Phlomis atropurpurea*	陆
	苍山糙苏	*Phlomis forrestii*	陆
	丽江糙苏	*Phlomis likiangensis*	陆
	长萼糙苏	*Phlomis longicalyx*	陆
	团体花糙苏	*Phlomis melanantha*	陆
	欧夏枯草	*Prunella vulgaris*	陆
	紫萼香茶花	*Rabdosia forrestii*	陆
	长柄露珠香茶	*Rabdosia irrorata*	陆
	开萼鼠尾	*Salvia bifidocalyx*	陆
	黄花鼠尾	*Salvia flava*	陆
	甘西鼠尾	*Salvia przewalskii*	陆
眼子菜科 Potamogetonaceae	穿叶眼子菜	*Potamogeton perfoliatus*	水
	浮叶眼子菜	*Potamogeton natans*	
	蓖齿眼子菜	*Potamogeton pectinatus*	水
姜科 Zingiberaceae	大苞姜	*Caulokaempferia yunnanense*	陆
	藏象牙参	*Roscoea tibetica*	陆
百合科 Liliacae	穗花粉条儿菜	*Aletris pauciflora*	沼
	星花粉条儿菜	*Aletris stelliflora*	沼
	丽江鹿药	*Smilacina lichiangense*	陆
	沿阶草	*Ophiopogon bodinieri*	陆
	独花黄精	*Polygonatum hookeri*	陆
	康定玉竹	*Polygonatum gracile*	陆
	轮叶黄精	*Polygonatum macropodium*	陆
	狭叶藜芦	*Veratrum stenophyllum*	陆
延龄草科 Trilliaceae	毛重楼	*Paris pubescens*	陆
	滇重楼	*Paris polyphylla* var. *yunnanensis*	陆
菝葜科 Smilacaceae	甲菝葜	*Smilax lanceifdia*	陆
	水菝葜	*Smilax lushuiensis*	陆
	叶菝葜	*Smilax menispermoidwa*	陆
	柄菝葜	*Smilax stans*	陆

（续）

科	物种中文名	物种拉丁名	备注
天南星科 Araceae	一把伞南星	*Arisaema erubescens*	陆
	猪笼南星	*Arisaema nepenthoides*	陆
	网檐南星	*Arisaema utile*	陆
黑三棱科 Sparganiaceae	小黑三棱	*Sparganium simplex*	水
葱科 Alliaceae	杯花韭	*Allium cyathophorum*	陆
	三柱韭	*Allium humile* var. *trifurcatum*	沼
	大花韭	*Allium macranthum*	沼
	卵叶韭	*Allium ovalifolium*	陆
	太白韭	*Allium prattii*	陆
	青甘韭	*Allium pezewalskianum*	陆
	多星韭	*Allium wallichii*	陆
鸢尾科 Iridaceae	金脉鸢尾	*Iris chrysographes*	陆
	矮紫苞鸢尾	*Iris ruthenicar*	陆
兰科 Orchidaceae	少花虾脊兰	*Calanthe delavayi*	陆
	长叶头蕊兰	*Cephalanthera longifolia*	陆
	疏花火烧兰	*Epipactis consimilis*	陆
	小花火烧兰	*Epipactis helleborine*	陆
	裂瓣绞盘兰	*Herminium alaschanicum*	陆
	角盘兰	*Herminium monorchis*	陆
	矮山兰	*Oreorchis parvula*	陆
	密花舌唇兰	*Platanthera hologlottis*	陆
	齿瓣舌唇兰	*Platanthera oreophila*	陆
	缘毛鸟足兰	*Satyrium ciliatum*	陆
	绶草	*Spiranthes sinensis*	陆
灯心草科 Juncaceae	走茎灯心草	*Juncus amplifolius*	沼
	小花灯心草	*Juncus articulatus*	沼
	小灯心草	*Juncus bufonius*	沼
	葱状灯心草	*Juncus allioides*	沼
	灯心草	*Juncus effusus*	沼
	雅灯心草	*Juncus concinnus*	沼
	甘川灯心草	*Juncus leucanthus*	沼
	桔灯心草	*Juncus sphacelatus*	沼
	展苞灯心草	*Juncus thomsonii*	沼

（续）

科	物种中文名	物种拉丁名	备注
莎草科 Cyperaceae	丝叶球柱草	*Bulbostylis densa*	沼
	无名苔草	*Carex anomoea*	沼
	发秆苔草	*Carex capillacea*	沼
	刺缘苔草	*Carex forrestii*	沼
	高山苔草	*Carex infuscata*	陆
	木里苔草	*Carex muliensis*	沼
	云雾苔草	*Carex nubigena*	陆
	多果苔草	*Carex pleistogyna*	陆
	疏穗苔草	*Carex remotiuscula*	陆
	川滇苔草	*Carex schneideri*	陆
	内寸草	*Carex stenophylloides*	陆
	昆明荸荠	*Eleocharis liouana*	沼
	短刚针蔺	*Eleocharis setulosa*	沼
	单鳞荸荠	*Eleocharis unoglumis*	沼
	从毛羊胡子草	*Eriophorum comosum*	陆
	扁鞘飘拂草	*Fimbristylis complanata*	陆
	细莞	*Isolepis setaceus*	陆
	截形嵩草	*Kobresia cuneata*	陆
	小嵩草	*Kobresia parva*	沼
	喜马拉雅嵩草	*Kobresia royleana*	陆
	川嵩草	*Kobresia setchwanensis*	陆
	勾状嵩草	*Kobresia uncinoides*	陆
	黑子水蜈蚣	*Kyllinga melanosperma*	沼
	芒鳞砖子苗	*Mariscus aristatus*	沼
禾本科 Gramineae	细弱剪股颖	*Agrostis tenuis*	陆
	旱雀麦	*Bromus tectorum*	陆
	早熟禾	*Poa annua*	陆
	旱雀麦	*Bromus tectorum*	陆
	发草	*Deschampsia caespitosa*	陆
	光柄青茅	*Deyeuxia levipes*	陆
	长花野青茅	*Deyeuxia longiflora*	陆
	小丽茅	*Deyeuxia pulchella*	陆
	紫野青茅	*Deyeuxia purpurea*	陆
	糙青茅	*Deyeuxia scabrescens*	陆
	老麦芒	*Elymus sibiricus*	陆

（续）

科	物种中文名	物种拉丁名	备注
禾本科 Gramineae	矮羊茅	*Festuca coelestis*	陆
	羊茅	*Festuca ovina*	陆
	卵花水甜茅	*Glyceria tonglensis*	沼
	异燕麦	*Helictotrichon schellianum*	陆
	等颖落芒草	*Oryzopsis aequiglumis*	陆
	大看麦娘	*Alopecurus pratensis*	陆
	狭穗针茅	*Stipa regeliana*	陆

附录2
纳帕海国际重要湿地水鸟名录

目	科	物种中文名	物种拉丁名	区系从属	居留类型	保护级别
䴙䴘目 PODICIPEDIFORMES	䴙䴘科 Podicipedidae	小䴙䴘	*Tachybaptus ruficollis*	广	留	
		凤头䴙䴘	*Podiceps cristatus*	古	冬	
		黑颈䴙䴘	*Podiceps nigricollis*	古	冬	
鹈形目 PELECANIFORMES	鸬鹚科 Phalacrocoracidae	普通鸬鹚	*Phalacrocorax carbo*	广	冬	
鹳形目 CICONIFORMES	鹭科 Ardeidae	池鹭	*Ardeola bacchus*	广	夏	
		大白鹭	*Ardea alba*	广	冬	
		苍鹭	*Ardea cinerea*	广	留	
	鹳科 Ciconiidae	黑鹳	*Ciconia nigra*	古	冬	
雁形目 ANSERIFORMES	鸭科 Anatidae	斑头雁	*Anser indicus*	古	冬	
		灰雁	*Anser anser*	古	冬	
		赤膀鸭	*Anas strepera*	古	冬	
		赤颈鸭	*Anas penelope*	古	冬	
		赤麻鸭	*Tadorna ferruginea*	古	冬	
		绿翅鸭	*Anas crecca*	古	冬	
		罗纹鸭	*Anas falcata*	古	冬	
		斑嘴鸭	*Anas poecilorhyncha*	广	留	
		绿头鸭	*Anas platyrhynchos*	古	冬	
		琵嘴鸭	*Anas clypeata*	古	冬	
		针尾鸭	*Anas acuta*	古	冬	
		凤头潜鸭	*Aythya fuligula*	古	冬	
		赤嘴潜鸭	*Rhodonessa rufina*	古	冬	
		红头潜鸭	*Aythya ferina*	古	冬	
		白眼潜鸭	*Aythya nyroca*	古	冬	
		普通秋沙鸭	*Mergus merganser*	古	冬	
鹤形目 GRUIFORMES	鹤科 Gruidae	灰鹤	*Grus grus*	古	冬	II
		黑颈鹤	*Grus nigricollis*	古	冬	I
	秧鸡科 Rallidae	骨顶鸡	*Fulica atra*	古	留	

（续）

目	科	物种中文名	物种拉丁名	区系从属	居留类型	保护级别
鹤形目 GRUIFORMES	秧鸡科 Rallidae	黑水鸡	*Gallinula chloropus*	广	留	
鸻形目 CHARADRIIFORMES	鹬科 Scolopacidae	矶鹬	*Actitis hypoleucos*	广	冬	
	鸻科 Charadriidae	凤头麦鸡	*Vanellus vanellus*	古	冬	
鸥形目 LARIFORMES	鸥科 Laridae	红嘴鸥	*Larus ridibundus*	古	冬	
		渔鸥	*Larus ichthyaetus*	古	冬	
		蒙古银鸥	*Larus michahellis*	古	旅	
隼形目 FALCONIFORMES	鹰科 Accipitridae	白尾海雕	*Haliaeetus albicilla*	古	冬	I
佛法僧目 CORACIIFORMES	翠鸟科 Alcedinidae	普通翠鸟	*Alcedo atthis*	广	留	

注：在居留情况栏中，"留"代表留鸟，"冬"代表冬候鸟，"旅"代表旅鸟；在区系从属栏中，"广"代表广布种，"古"代表古种；"Ⅰ"代表国家Ⅰ级重点保护野生动物，"Ⅱ"代表国家Ⅱ级重点保护野生动物。

附录3
纳帕海国际重要湿地鱼类名录

目	科	属	物种名	调查时期			
				1960s	1990	2014	2016
鲤形目 CYPRINIFORMES	鲤科 Cyprinidae	鲤属 *Cyprinus*	鲤鱼△ *Cyprinus carpio*	−	−	−	+
	鳅科 Cobitidae	鲫属 *Carassius*	鲫鱼△ *Carassius auratus*	−	−	+	+
		裂腹鱼属 *Schizothorax*	中甸叶须鱼▲ *Ptychobarbus chungtienensi*	+	+	−	−
			短须裂腹鱼▲ *Schizothorax wangchiachii*	+?	+?	−	−
		麦穗鱼属 *Pseudorasbora*	麦穗鱼△ *Pseudorasbora parva*	−	+	+	+
		草鱼属 *Ctenopharyngodon*	草鱼△ *Ctenopharyngodon idellus*	−	−	−	+
		泥鳅属 *Misgurnus*	泥鳅△ *Misgurnus anguillicaudatus*	−	+	+	+
		副泥鳅属 *Paramisgurnus*	大鳞副泥鳅△ *Paramisgurnus dabryanus*	−	−	−	+
鲇形目 SILURIFORMES	鲇科 Siluridae	鲇属 *Silurus*	鲇△ *Silurus asotus*	−	−	−	+
鲈形目 PERCIFORMES	沙塘鳢科 Odontobutidae	小黄黝属 *Micropercops*	小黄黝鱼△ *Micropercops swinhonis*	−	−	+	+
鳉形目 CYPRINODONTIFORMES	青鳉科 Adrianichthyidae	青鳉属 *Oryzias*	中华青鳉△ *Oryzias sinensis*	−	−	−	+

注：1960s 数据依陈银瑞等（1998）；1990 数据依高礼存等（1990）；2014 数据依刘强等（2014）。▲表示土著物种；△表示外来物种。+? 疑为记述讹误，本文为反映文献记录的历史状况而在本表列录。

纳帕海国际重要湿地兽类名录

目、科、种名	生境类型	区系从属	保护级别	CITES
Ⅰ. 食肉目 CARNIVORA				
1. 犬科 Canidae				
1）狼 *Canis lupus*	广	A1，B123		Ⅱ
2）赤狐 *Vulpes vulpes*	广	C		
2. 鼬科 Mustelidae				
3）黄鼬 *Mustela sibirica*	林，田	C		
4）狗獾 *Meles meles*	林，草	C		
5）猪獾 *Aretonyx collaris*	林，草	A123，B1		
6）水獭 *Lutra lutra*	湖	C	Ⅱ	I
3. 猫科 Felidae				
7）豹猫 *Felis bengalensis*	广	C		Ⅱ
Ⅱ. 啮齿目 RODENTIA				
4. 松鼠科 Sciuridae				
8）赤腹松鼠 *Callosciurus erythraeus*	林，田	A123		
5. 林跳鼠科 Zapodidae				
9）林跳鼠 *Eozapus setchuanus*	草	A1		
10）中华蹶鼠 *Sicista concolor*	林，草	A13		
6. 仓鼠科 Cricetidae				
11）高原松田鼠 *Pitymys irene*	草	A1		
7. 鼠科 Muridae				
12）中华姬鼠 *Apodemus draco*	广	A1		
13）长尾姬鼠 *Apodemus orestes*	广	A1		
14）大耳姬鼠 *Apodemus latronum*	广	A1		
15）中亚鼠 *Rattus turkestanicus*	广	A1		
16）大足鼠 *Rattus nitidus*	田	A1		
17）社鼠 *Niviventer confucianus*	林，田	C		
Ⅲ. 兔形目 LAGOMORPHA				

（续）

目、科、种名	生境类型	区系从属	保护级别	CITES
8. 兔科 Leporidae				
18）高原兔 *Lepus oiostolus*	草	A1, B1		
19）云南兔 *Lepus comus*	草，田	A12		

注：1. 生境类型：森林，表中标"林"；灌丛草甸及裸岩区，表中标"草"；湖泊沼泽：表中标"湖"；农田耕作区，表中标"田"；广泛分布于各种生境，表中标"广"。2. 区系从属：东洋界，西南区种类在表中标"A1"，华南区种类在表中标"A2"，华中区种类在表中标"A3"；古北界，青藏区种类在表中标"B1"，华北区种类在表中标"B2"，蒙新区种类在表中标"B3"；广布种，广泛分布于东洋界和古北界各个区的种类，在表中标"C"。3. 保护级别：参照1988年国务院批准的国家重点保护野生动物名录，中国Ⅰ级保护动物在表中标"Ⅰ"，中国Ⅱ级保护动物在表中标"Ⅱ"。4. CITES：濒危野生动植物种国际贸易公约，数字所指为附录等级。